環境・都市システム系 教科書シリーズ 17

環境衛生工学

奥村　充司
博士(工学)　大久保　孝樹　共著

コロナ社

環境・都市システム系 教科書シリーズ編集委員会

編集委員長	澤　　孝平	（元明石工業高等専門学校・工学博士）
幹　　事	角田　　忍	（明石工業高等専門学校・工学博士）
編集委員	荻野　　弘	（豊田工業高等専門学校・工学博士）
（五十音順）	奥村　充司	（福井工業高等専門学校）
	川合　　茂	（舞鶴工業高等専門学校・博士（工））
	嵯峨　　晃	（元神戸市立工業高等専門学校）
	西澤　辰男	（石川工業高等専門学校・工学博士）

（2008年4月現在）

刊行のことば

　工業高等専門学校（高専）や大学の土木工学科が名称を変更しはじめたのは1980年代半ばです。高専では1990年ごろ，当時の福井高専校長 丹羽義次先生を中心とした「高専の土木・建築工学教育方法改善プロジェクト」が，名称変更を含めた高専土木工学教育のあり方を精力的に検討されました。その中で「環境都市工学科」という名称が第一候補となり，多くの高専土木工学科がこの名称に変更しました。その他の学科名として，都市工学科，建設工学科，都市システム工学科，建設システム工学科などを採用した高専もあります。

　名称変更に伴い，カリキュラムも大幅に改変されました。環境工学分野の充実，CADを中心としたコンピュータ教育の拡充，防災や景観あるいは計画分野の改編・導入が実施された反面，設計製図や実習の一部が削除されました。

　また，ほぼ時期を同じくして専攻科が設置されてきました。高専〜専攻科という7年連続教育のなかで，日本技術者教育認定制度（JABEE）への対応も含めて，専門教育のあり方が模索されています。

　土木工学教育のこのような変動に対応して教育方法や教育内容も確実に変化してきており，これらの変化に適応した新しい教科書シリーズを統一した思想のもとに編集するため，このたびの「環境・都市システム系教科書シリーズ」が誕生しました。このシリーズでは，以下の編集方針のもと，新しい土木系工学教育に適合した教科書をつくることに主眼を置いています。

（1）　図表や例題を多く使い基礎的事項を中心に解説するとともに，それらの応用分野も含めてわかりやすく記述する。すなわち，ごく初歩的事項から始め，高度な専門技術を体系的に理解させる。

（2）　シリーズを通じて内容の重複を避け，効率的な編集を行う。

（3）　高専の第一線の教育現場で活躍されている中堅の教官を執筆者とす

刊行のことば

る。

　本シリーズは，高専学生はもとより多様な学生が在籍する大学・短大・専門学校にも有用と確信しており，土木系の専門教育を志す方々に広く活用していただければ幸いです。

　最後に執筆を快く引き受けていただきました執筆者各位と本シリーズの企画・編集・出版に献身的なお世話をいただいた編集委員各位ならびにコロナ社に衷心よりお礼申し上げます。

2001年1月

編集委員長　澤　　孝　平

まえがき

　環境衛生工学を学ぼうとする者は，まず，人間すなわち自らの身体の健康について考えてみる必要がある。それには，「公衆衛生学」について学習することが手助けとなろう。さらに，人間活動がわれわれの健康で快適な生活にどのような影響を及ぼしているのか，安心・安全な都市環境とはどのように守られているのか，持続可能な開発，すなわち将来の世代の利益や要求を充足できる環境の利用とはどういうことなのか，地域の本来あるべき生態系がその地域に暮らす人々の健康とどのように関わっているのか，などの疑問に答えるために自然科学や社会科学に関する知識を身につけ，自らの環境観を構築しなければならない。

　21世紀社会の課題を考えるうえで特に重要なキーワードは持続可能性（sustainability）である。持続可能な社会とは「健全で恵み豊かな環境が地球規模から身近な地域までにわたって保全されるとともに，それらを通じて国民一人一人が幸せを実感できる生活を享受でき，将来世代にも継承できる社会」と定義される（第3次環境基本計画：2006年4月閣議決定）。しかし，近年この持続可能性を揺るがす地球環境問題やそれに起因する災害が世界各地で発生している。また，経済発展の名のもとに過酷な大気汚染にさらされ，有害物質による水質汚染に苦しんでいる地域がある。それらの地域において子供たちが疫病や公害病にさらされたり，命の水に困窮したりする姿をみると，まず，地域の衛生が第一に重要であることが認識させられる。関東大震災後の復興プランを手がけ，現在の東京の原形をデザインした政治家の後藤新平は，社会を生物の体にみたて，「人と人とのつながりがうまく機能することで世の中が発展する」という理念を抱いていた。"社会の医者"と呼ばれた彼は「衛生」すなわち，人の「生を衛（まも）る」ことを重視し，その後の施策に反映した。

まえがき

　このような社会を実現するために，人間を取り巻く環境に対してどのような配慮が必要であろうか。その答えは環境要素と人の健康の維持との関わりの中に見出さなければならない。すなわち，人の健康を害する要因となる細菌やウイルス，汚染物質を環境中へ排出しないことであり，その制御とは環境中におけるこれらの汚染濃度をゼロにするか，もしくはある決められた一定値以下に維持するための工学的技術の研究・開発とこれを担保する法制度の整備を指す。すなわち，環境衛生工学とは環境科学的・社会科学的側面と医学的側面（公衆衛生）および工学的側面（制御技術）を融合した領域となる。

　本書では環境衛生工学の分野のうち，水質汚濁，上下水道，大気環境，音環境について学習する。特に演習問題を通して理解を深めることができるように配慮した。本書に関連して受検可能な資格には，上下水道の分野では，技術士第一次試験「上下水道部門」，下水道分野では「下水道技術検定試験」，「下水道管理技術認定試験」などがある。また，水質汚濁，大気環境，音環境は「公害防止管理者国家試験」などがある。将来，環境に関する技術者を目指す学生諸君は，是非これらの資格試験にチャレンジしてほしい。本書がその一助となることを願う。

2008年12月

著　者

目　　　次

1.　　環境衛生工学とは

1.1　環境衛生工学の歴史 ……………………………………………… *1*
　1.1.1　上　　水　　道 ……………………………………………… *1*
　1.1.2　下　　水　　道 ……………………………………………… *3*
　1.1.3　公　害　の　歴　史 ………………………………………… *5*
1.2　水環境の現状 ………………………………………………………… *8*
1.3　大気環境の現状 ……………………………………………………… *9*
1.4　音環境の現状 ……………………………………………………… *11*
1.5　公衆衛生と工学的対応（環境基準） ………………………… *12*
　1.5.1　都市の公衆衛生 ……………………………………………… *12*
　1.5.2　環境基準の考え方と評価法 ………………………………… *14*
　1.5.3　環境基準の種類 ……………………………………………… *18*
演　習　問　題 ……………………………………………………………… *19*

2.　　上　　水　　道

2.1　水道の目的と種類 ………………………………………………… *20*
　2.1.1　水道の目的と必要条件 ……………………………………… *20*
　2.1.2　水道の種類と施設の概要 …………………………………… *20*
2.2　水　量　と　水　質 ……………………………………………… *22*
　2.2.1　水量と計画給水量 …………………………………………… *22*
　2.2.2　水道水の水質 ………………………………………………… *24*
　2.2.3　主な水質基準項目の障害について ………………………… *25*
2.3　水　源　と　取　水 ……………………………………………… *26*

        2.3.1　日本における水資源 ………………………………………… 26
        2.3.2　取　水　施　設 ………………………………………… 27
   2.4　導水・送水施設 ………………………………………………… 28
        2.4.1　導水渠・送水渠 …………………………………………… 29
        2.4.2　導水管・送水管 …………………………………………… 30
   2.5　浄　水　施　設 ………………………………………………… 31
        2.5.1　浄水方式の種類 …………………………………………… 31
        2.5.2　計 画 浄 水 量 ……………………………………………… 33
        2.5.3　緩速ろ過方式 ……………………………………………… 33
        2.5.4　急速ろ過方式 ……………………………………………… 34
        2.5.5　塩　素　消　毒 ……………………………………………… 39
        2.5.6　特殊浄水処理 ……………………………………………… 41
        2.5.7　膜 ろ 過 処 理 ……………………………………………… 42
   2.6　配　水　施　設 ………………………………………………… 45
        2.6.1　計 画 配 水 量 ……………………………………………… 45
        2.6.2　配　水　方　式 ……………………………………………… 45
        2.6.3　配　　水　　管 ……………………………………………… 46
        2.6.4　配水池・配水塔・高架タンク ……………………………… 47
   2.7　給　水　装　置 ………………………………………………… 48
   2.8　上水道における維持管理 ……………………………………… 49
        2.8.1　水源の維持管理（水源保護） ……………………………… 49
        2.8.2　浄　水　管　理 ……………………………………………… 50
        2.8.3　導水・送水・配水・給水の管理 …………………………… 50
        2.8.4　管　の　腐　食 ……………………………………………… 50
   演 習 問 題 …………………………………………………………… 51

3. 下　水　道

   3.1　下水道の目的と種類 …………………………………………… 53
        3.1.1　下水道の目的と役割 ……………………………………… 53
        3.1.2　下水道の種類 ……………………………………………… 54
   3.2　下　水　道　計　画 ……………………………………………… 54

3.2.1	基礎調査	54
3.2.2	下水の排除システム	55
3.2.3	終末処理場とその条件	56
3.2.4	下水量の算定（計画下水量）	57
3.2.5	雨水量	58
3.3	管路施設	62
3.3.1	下水管渠の種類と特徴	62
3.3.2	下水管渠の水理	63
3.3.3	管渠の敷設	64
3.3.4	付属設備	65
3.3.5	管渠の設計例	68
3.4	ポンプ場施設	71
3.4.1	ポンプ場の種類	71
3.4.2	ポンプ場施設	72
3.4.3	ポンプの種類	73
3.5	下水道における水質	73
3.5.1	下水に含まれる物質	73
3.5.2	下水試験	73
3.6	下水処理施設	75
3.6.1	活性汚泥法	75
3.6.2	活性汚泥の浄化機構	76
3.6.3	活性汚泥の管理指標	77
3.6.4	バルキング現象	78
3.6.5	馴致について	79
3.6.6	活性汚泥法下水処理場の設計	79
3.6.7	活性汚泥法の種類	81
3.6.8	散水ろ床法	85
3.6.9	回転円板法	86
3.7	下水汚泥からのバイオマスエネルギー	87
3.7.1	汚泥処理順序と最終処分・有効利用	87
3.7.2	汚泥の濃縮と消化	88
3.7.3	汚泥の脱水と乾燥・焼却	88

3.8 下水の高度処理 ……………………………………………………… 90
　3.8.1 微生物による窒素・リンの同時除去の例 …………………… 91
　3.8.2 膜ろ過による超高度処理 ……………………………………… 93
3.9 下水道施設の維持管理 ………………………………………………… 94
　3.9.1 管路施設の維持管理 …………………………………………… 94
　3.9.2 処理場の維持管理 ……………………………………………… 96
3.10 下水道整備と市民 ……………………………………………………… 96
　3.10.1 下水道事業の展開 ……………………………………………… 96
　3.10.2 下水道事業マネジメント ……………………………………… 98
　3.10.3 市民の生物指標による水質監視 ……………………………… 99
演 習 問 題 …………………………………………………………………… 100

4. 水 環 境

4.1 水環境と汚濁モデル …………………………………………………… 103
　4.1.1 河川の水質汚濁モデル ………………………………………… 104
　4.1.2 湖沼の水質汚濁モデル ………………………………………… 107
　4.1.3 海域の水質汚濁モデル ………………………………………… 110
　4.1.4 地下水および土壌の汚染 ……………………………………… 112
4.2 水質汚濁の指標 ………………………………………………………… 118
　4.2.1 汚 濁 指 標 ……………………………………………………… 118
　4.2.2 富栄養化指標 …………………………………………………… 122
　4.2.3 衛生学的指標 …………………………………………………… 122
　4.2.4 感 覚 的 指 標 …………………………………………………… 123
4.3 水環境に関する基準 …………………………………………………… 124
演 習 問 題 …………………………………………………………………… 129

5. 大 気 環 境

5.1 物質循環と大気環境 …………………………………………………… 131
　5.1.1 地球の熱収支と物質循環 ……………………………………… 131
　5.1.2 地球温暖化の影響 ……………………………………………… 132

- 5.1.3 物質循環とバイオマス …………………………………… 133
- 5.1.4 身の回りの物質循環（廃棄物の焼却処分）………………… 134

5.2 空気の組成と汚染物質 ……………………………………………… 136
- 5.2.1 空 気 の 組 成 ………………………………………… 136
- 5.2.2 快適な室内環境と必要換気量 ……………………………… 136
- 5.2.3 外気および室内空気の物理的，化学的変化の影響 ………… 139

5.3 大気汚染物質の発生とその影響 …………………………………… 140
- 5.3.1 大気汚染の歴史 ……………………………………………… 140
- 5.3.2 大気汚染物質の発生と影響 ………………………………… 141
- 5.3.3 ガス状物質と人体影響 ……………………………………… 143
- 5.3.4 粒子状物質と人体影響 ……………………………………… 145

5.4 その他の大気・空気環境問題 ……………………………………… 145
- 5.4.1 酸 性 雨 ………………………………………………… 145
- 5.4.2 黄 砂 ………………………………………………… 147
- 5.4.3 オゾン層の破壊 ……………………………………………… 148
- 5.4.4 ヒートアイランド現象 ……………………………………… 148
- 5.4.5 アスベスト問題 ……………………………………………… 149

5.5 大気環境の保全対策（法整備と監視・測定）……………………… 151
- 5.5.1 日本の大気汚染の現状 ……………………………………… 151
- 5.5.2 大気汚染防止法の制定 ……………………………………… 153
- 5.5.3 大気環境の保全対策 ………………………………………… 153
- 5.5.4 大気汚染物質および有害大気汚染物質の排出抑制と環境基準 ……… 155

5.6 大気中におけるばい煙の拡散 ……………………………………… 158
- 5.6.1 汚染濃度の推定 ……………………………………………… 158
- 5.6.2 拡散と気象条件 ……………………………………………… 158
- 5.6.3 逆転層の形成 ………………………………………………… 160
- 5.6.4 風速勾配と強制対流 ………………………………………… 160
- 5.6.5 排煙拡散の一般的特性 ……………………………………… 161
- 5.6.6 K 値規制について ………………………………………… 162

5.7 大気汚染の制御 ……………………………………………………… 165
- 5.7.1 大気汚染物質の除去対策 …………………………………… 165
- 5.7.2 大気汚染の監視体制 ………………………………………… 169

  5.7.3 大気汚染と植物 ……………………………………………… *169*
演 習 問 題 ……………………………………………………………………… *171*

6. 音　環　境

6.1 音の発生と伝播 ……………………………………………………… *172*
 6.1.1 音の発生と伝播 ………………………………………………… *172*
 6.1.2 音のスペクトル ………………………………………………… *173*
 6.1.3 周期・波長・周波数 …………………………………………… *173*
 6.1.4 聴覚と音の生理的・心理的効果 ……………………………… *174*
 6.1.5 音の物理評価量 ………………………………………………… *176*
 6.1.6 音の感覚的な尺度 ……………………………………………… *180*
6.2 騒音の減衰と防止技術 ……………………………………………… *182*
 6.2.1 伝播防止（距離減衰） ………………………………………… *182*
 6.2.2 吸音（吸音減衰） ……………………………………………… *184*
 6.2.3 防音壁（透過損失と回折） …………………………………… *187*
6.3 騒音の現状と環境基準 ……………………………………………… *189*
 6.3.1 騒音問題の現在までの経緯 …………………………………… *189*
 6.3.2 騒音環境の動向 ………………………………………………… *190*
 6.3.3 騒音に係る環境基準 …………………………………………… *191*
6.4 環境騒音の評価と予測および対策 ………………………………… *196*
 6.4.1 変動騒音の評価尺度 …………………………………………… *196*
 6.4.2 自動車交通騒音 ………………………………………………… *199*
 6.4.3 鉄　道　騒　音 ………………………………………………… *202*
 6.4.4 建設作業騒音 …………………………………………………… *203*
 6.4.5 航空機騒音 ……………………………………………………… *203*
 6.4.6 低周波騒音 ……………………………………………………… *204*
演 習 問 題 ……………………………………………………………………… *205*

引用・参考文献 ………………………………………………………………… *208*
演習問題解答 …………………………………………………………………… *211*
索　　　　引 …………………………………………………………………… *220*

1

環境衛生工学とは

1.1 環境衛生工学の歴史

1.1.1 上　水　道[1]〜[4]

〔1〕**水輸送施設としての上水道**　井戸は暮らしの中で身近に清澄な生活用水を安定的に得ることができる水源である。紀元前16世紀にナイル川右岸に建築された古代エジプト新王国の都市エル・アマルナでは，貴族の屋敷ごとに井戸があり，さらに，一般市民のために同形の共同井戸もつくられていた。また，古代ギリシャの都市でも地下水面までおりる階段付きの井戸が設けられている。こうした井戸は一般的に泉の1つと解釈され，泉の近くには水の神をまつる神殿がたてられた。

　やがて，遠方の水源から都市に水を導く施設が建設されるようになった。紀元前312年から紀元305年までの間に，延長18 kmのアピア水路を含む水路総数14，総延長578 kmにも及ぶ古代ローマの水道が築造された。都市の形成には水の供給が不可欠であり，水道のネットワークは都市の発展に大きく寄与することになった。当時の給水量は1人1日約190 l で大変豊富であったといわれている。

　中世に入り，テムズ川下流部に位置するロンドンでは，1235年に鉛管を用いて泉水を市内に導いていた。1610年にニューリバー水道会社が設立され，市内にパイプラインを敷設して，各戸給水を開始した。1761年に初めて蒸気ポンプが使用され，1773年には衛生と利便性の側面から連続給水が開始された。

日本では16世紀半ば，北条氏康の小田原支配時に早川から水を導き，小田原城下に飲用として供した。この小田原早川上水が日本最古の水道と考えられている。豊臣秀吉の小田原攻めに参陣した諸大名たちは，この上水を見て，自領の上水開設の参考にしたといわれている[2]。徳川家康もその一人であった。1590年，家康の命で小石川上水が飲料用の水道として建設され，神田上水のもととなった。神田川は三代将軍家光が「江戸の井の頭」と呼んだ井の頭池を水源とし，隅田川に注ぐ全長25.5 kmの河川である。この後，江戸の水需要の高まりに対応して，1654年に玉川上水が完成している。また，亀戸，青山，三田，千川に上水が相次いで作られ「六上水」と称した。これにより，江戸住民の6割に普及した。浄水施設や各戸給水がないという問題点があったものの，当時世界で最も進んだ設備を有していた。この時代には金沢，水戸，福山，名古屋などにおいても川の水を自然流下により導き，かんがい用水や飲料用水として利用した。

〔2〕　**水道の近代化（水質改善機能）**　　1787年のパリで蒸気式揚水用ポンプが使われ，1804年イギリスのグラスゴーの郊外においてペーズリー水道が砂ろ過による給水を開始したことから水道の近代化は始まった。さらに，1829年にロンドンのチェルシーで緩速砂ろ過による浄水処理が初めて行われた。そして，1892年にはエルベ川のハンブルグでコレラが大流行したが，砂ろ過水を供給していた地域では患者数が少なかったことから，ヨーロッパ諸国で緩速ろ過（slow filtration）の技術が広まっていった。アメリカでも19世紀後半，1884年サマビルで急速ろ過（rapid filtration）が開始された。1893年に，アメリカのミルズと西ドイツのラインケが水の砂ろ過給水によって腸チフスなどの消化器系伝染病による死亡率のみならず，その他一般の死亡率も減少するという現象を発見し，その有効性を認めた。この現象をミルズ・ラインケ現象といい，衛生施設としての水道の評価は高まっていった。

　日本の近代的水道は，1887年に，横浜の外国人居留地で給水されたものが最初である。これは，イギリス人技師のパーマーを顧問に招き，相模川を水源として建設されたものである。日本人の手による最初の浄水場は平井晴二郎に

よる函館市のものであった。その後，長崎，大阪，東京，広島，神戸，岡山，下関などの開港都市において建設されていった。1890年に水道の全国普及と水道事業の市町村による経営を内容とする水道条例が制定され，水道の目的は公衆衛生の向上と生活環境の改善・防災，産業などの都市の発展に対する寄与とされた。その普及率は2006年度末で97.2％となっている。

〔**3**〕 **水道の課題**　わが国では，現在，飲み水を得ることができない地域はほとんどない。ここでいう飲み水とは，第一に衛生学的に安全であること，第二に水量と水質の面で保障されている水をいう。水道施設を設計する際に用いる原単位に1人1日最大給水量がある。先進国である日本では400 l/(人・日)，アメリカでは700 l/(人・日)とされている。

一方，アフリカなどの未開発諸国のある地域の利用水量は3 l/(人・日)程度ともいわれ，これらの地域では上水道施設が整備されておらず，質的な面においても衛生学的に劣悪な水を飲用しているのが現状である。21世紀は水の世紀といわれており，世界的に見れば水はエネルギーと同じように貴重な資源である。急速な経済成長に酔いしれ，環境政策を後回しにし，大量に水を使用し，大量の廃水を未処理のまま公共用水域に排出すれば，それらの国々は日本が過去に経験した公害問題と同じ轍を踏むことになるであろう。水資源開発が遅れていたり，限定されたりする地域では，廃水処理水を下流で再び原水として取水し，浄水技術によって安全な飲用水を供給せざるをえない。

このような現状を考えると，現在を生きるわれわれは水の循環に関していま一度原点に立ち戻って，どうすれば持続可能な循環型社会の理想を実現させることができるかについて考えていく必要があると思われる。

1.1.2 下　水　道

〔**1**〕 **下水道の歴史**　紀元前5000年ごろにメソポタミアのチグリス・ユーフラテス川沿いにあったウル，バビロン，ニネヴェなどの都市に造られたものが歴史上，最も古い下水道とされている。これらは沐浴などの儀式に使われた水のみを処理する施設で，途中に沈殿池を設け，最終的には地下浸透させて

いたと考えられている。また，紀元前15世紀以前，インダス文明の中心地モヘンジョダロなどにも下水道があったことがわかっている。これらは都市の排水を目的に計画的に構築された。レンガでできており，各戸で使い終わった水を集めて，川に流す役目をしていた。同じく排水機能のみであったが，クロアカ・マキシマは紀元前615年に建設されたローマ最古の下水道である。中世に入ると都市の人口増加に伴い，汚物が街路に投棄されるなど都市の衛生状態は悪化し，ペスト等の伝染病が流行したが，下水道施設の本格的整備には至らなかった。

産業革命以後，人々がさらに都市に集中するようになると，未処理のし尿によって都市は深刻な不衛生状態になり，19世紀には各地でコレラなどの伝染病が流行した。そこで，ロンドンでは，1855年から下水道工事に着手した。それまでテムズ川に直接流していた下水を，下水道を通して市街地より下流で流すようにした。また，ヨーロッパ各国やアメリカなどでも，下水道工事に着手するようになった。20世紀に入って，微生物を利用した散水ろ床法や活性汚泥法などの下水処理法が開発され，汚れた水を清浄にしてから河川などに流すことができるようになった。

一方，日本においては，弥生時代（紀元前300年～300年）に集落の周りを溝で取りまいた環濠というものがあった。治水や用水，さらには雨水を排除するための排水路としての機能をもっており，水田と連結していたと推定されている。し尿については，大陸文化の影響により農耕に利用していた。そのため，日本では昭和30年代ごろまでし尿はくみ取りにより回収され，農作物に施肥されていた。ただし，これが近代的な下水道の発達を遅らせる原因ともなった。

1883年に東京神田地区の伝染病多発により，翌年にわが国で初めて汚水管2 545 mを敷設したが，これはオランダ人技師ヨハニス・デ・レーケの意見をとりいれたものといわれている。汚水，雨水の排除が良好でないと雨水による浸水問題を起こし，停滞した汚水により生活環境が不衛生になり伝染病発生の原因となっていた。このため，1900年に下水道法が制定され，それと前後し

て多くの都市が下水道建設に着手した。下水道は20世紀的近代施設であるといえる。しかし，日本で本格的に下水道が整備されるようになったのは，第二次世界大戦後である。1955年ごろから，工場等の排水や都市への人口の集中によって河川や湖沼などの公共用水域の水質汚濁が顕著となった。そのため，1970年の下水道法の改正により，下水道は都市を清潔にするだけでなく，公共用水域の水質保全という重要な役割を担うようになった。

〔2〕 **下水道の課題**　下水道は都市の機能の重要な部分を担っている。都市のあるべき姿として持続可能な循環型都市（環境都市）が提言されており，都市に新たに入力される枯渇性の資源・エネルギー投入を最小限にし，都市からの出力（環境負荷）をゼロにするというゼロ・エミッションを目指す，循環型都市を構築することを念頭としている。下水道は従来からその一翼を担っているが今後，さらに持続可能な下水道のあり方を模索していく必要がある。

1.1.3　公害の歴史

第二次世界大戦後，急激な経済発展に伴い公害問題が顕在化した。これらの問題に対処するため，公害対策基本法（1967年制定）をはじめとする環境法が整備され，公害の克服に相当な成果を上げた。20世紀末には，都市・生活型公害や地球環境問題などの新たな環境問題が顕在化してきたことから，1993年には，地球環境時代にふさわしい新しい枠組みとして，環境基本法が制定された。これに基づき，政府が一体となって施策を講じるための環境基本計画が策定された。人類の生存基盤である地球環境を保全し，地球温暖化問題や大気汚染問題を含む幅広い環境問題に対処するためには，「循環」，「共生」，「参加」，「国際的取組」の4つの原則に基づいて，環境問題に対する国民的合意，環境基本法に基づく施策体系の整備，それにふさわしい行政組織の改編などの新しい環境政策システムの構築が急務である。

〔1〕 **第二次世界大戦前**（～1944年）　わが国における公害の歴史は，欧米の近代化を目標に殖産興業政策が推進された明治時代（1868～1912年）に始まる。大阪，東京等の大都市においては，紡績業等の近代産業の立地のほか

鍛冶業等各種の町工場が集中して立地し，大正年間には火力発電所の立地等によって大気汚染が進行した。また，明治中期から栃木県の足尾銅山，愛媛県の別子銅山，茨城県の日立鉱山といった銅精錬所周辺地域において鉱毒による水質汚染や精錬に伴う硫黄酸化物による大気汚染が周辺の農林水産業に深刻な被害を及ぼした。

〔2〕 **高度経済成長前半**（1945～1964年） 石炭を主要エネルギーとした産業復興は，各地で降下ばいじんや硫黄酸化物を主とする大気汚染を引き起こした。東京都や大阪府などいくつかの地方公共団体で公害防止条例が制定され，集じん装置が導入された。高度経済成長の初期から全国の主な工業地帯の住民に大気汚染の影響によると考えられる呼吸器疾患が発生した。

〔3〕 **高度経済成長と公害の激化**（1965～1974年） 日本経済は高度経済成長を続け，1960年代後半の実質経済成長率は10％を超えていた。この間，エネルギー需要は拡大を続け，1965～1974年の10年間に2倍強，1955年ごろからみれば実に7倍に増大した。そのころ，大気汚染，水質汚濁，自然破壊，新幹線などによる騒音・振動などの問題も日本各地で顕在化し，深刻な社会問題となった。また，1968年には，厚生省により，イタイイタイ病，水俣病，新潟水俣病の健康被害が産業型の公害であることが明らかになった。

この結果，経済成長と環境保全との調和を目指して公害対策に関する施策が総合的に進められることとなった。1972年に四日市公害裁判について，原告被害者側勝訴の判決が出され，同判決が政府および産業界に大きな影響を及ぼした。公害に関する損害賠償補償制度のすみやかな確立が産業界を含め各方面から要望され，1973年には，公害健康被害補償法が制定されるに至った。

〔4〕 **石油危機と安定経済成長期以降**（1975～1984年） 1973年，日本は第一次石油危機（オイルショック）を契機に新たな局面を迎えた。エネルギー価格の高騰は，基礎資材型産業を中心に省資源・省エネルギーへの取組みを促進し，環境負荷の低減に寄与するとともに，加工組立型産業の技術革新が進展した。硫黄酸化物対策を中心とする産業公害型の大気汚染対策の着実な進展と裏腹に，この時期問題が顕在化してきたのが，都市・生活型の大気汚染であ

る。その発生源は、工場・事業場のほか、無数ともいえる自動車等の移動発生源であり、汚染物質としては窒素酸化物が主体となった。1971年には、自動車排出ガスとして一酸化炭素のほか、炭化水素、窒素酸化物、鉛化合物および粒子状物質が大気汚染防止法に追加された。ただし、窒素酸化物の規制が本格的に始まるのは、日本版マスキー法と呼ばれた1978年度規制からである。

〔5〕 **都市・生活型**（1985～2000年）　1985年以降、日本の産業は地方分散の傾向がみられ、工業出荷額では大都市圏の占める割合は相対的に低下した。こうした状況の中で、環境政策の全体的な進展、企業による高度な公害防止技術の導入、省資源・省エネルギーの努力とあいまって、この時期に入ると集中立地型の産業公害は沈静化し、二酸化硫黄（SO_2）濃度の年平均値はさらに低下した。その一方で、窒素酸化物は環境基準達成状況が悪化した。1998年度においても、全国の自動車排出ガス測定局の30％以上については、環境基準の上限（0.06 ppm）を超過する状況にあった。また、浮遊粒子状物質による大気汚染についても、環境基準達成率は依然として低い水準で推移している。都市・生活型大気汚染は、産業型のものに比べ、その影響が顕在化しにくく、慢性的な汚染状態が続くという特徴がある。

〔6〕 **グローバル化**（1990年代～）　1990年代に入って、環境問題のグローバル化は一層進み、国際社会においては、「持続可能な開発」が人類の現在および将来の基本的課題であるとの共通認識が形成された。大気について現在大きな課題となっているのが、オゾン層の破壊、酸性雨、地球温暖化等の地球規模の環境問題への取組みである。これらの人類共通の問題については、先進国と開発途上国が協力して一体となった取組みを行う必要があり、同時に、多くの開発途上国においては、都市の大気汚染をはじめとする地域問題も激化しつつある。わが国には、地球的規模の環境問題への取組みとともに、これら開発途上国が現実に直面する問題の解決にも協力が求められている。京都議定書が失効した後の2013年以降の新たな温暖化対策の枠組みづくりに向けて、2008年には北海道洞爺湖サミットが開催された。

1.2 水環境の現状

　環境省の2006年度公共用水域水質測定結果によると，人の健康の保護に関する環境基準（健康項目）について基準を超える測定地点は，全国5487定地点のうち39地点で達成率は99.3％と報告されている。これら健康項目の超過項目に関しては，従来から原因として自然汚濁と考えられているヒ素とフッ素を主体として基準値を超えていることが報告されており，全体的に他の項目の達成率は高いとはいえ十分な監視体制の必要性がある。

　BOD，COD等の生活環境の保全に関する項目（生活項目）では，2006年度は達成率86.3％（前年度83.4％）であり，水域別にみると河川91.2％（16年度87.2％），湖沼55.6％（同53.4％），海域74.5％（同76.0％）と報告されている。これらの達成状況をみると，閉鎖性水域である湖沼，湾，内海などの達成率が低く，閉鎖性水域の汚濁に特に注意を払う必要性があることを示している。これら閉鎖性水域の汚濁の原因は，水域に接する陸域からの汚濁負荷が原因であり，工場排水や都市化による生活排水の流入や農地，都市街路などの非点源汚染源（ノンポイントソース）の流入があり，総合的に対応する必要がある。また達成率が高い河川においても，都市化が進んだ中小河川では水質改善がなかなか進んでおらず下水道の普及や処理の高度化，都市街路などの非点源からの汚濁の低減の必要性がある。

　富栄養化（eutrophication）の原因である窒素（N），リン（P）については，海域では赤潮として，湖沼ではアオコとして地域社会に被害を与えている。2005年度の海域での赤潮の発生件数は東京湾59件，伊勢湾60件，瀬戸内海106件（2006年度118件），有明海35件（同66件）であり，まだまだ問題のある地域が残されている。窒素，リンの流入は，その水域に接した陸域からの汚濁が主であり，都市排水，処理水を含んだ河川からの流入，工場，処理場からの点源汚染（ポイントソース），農地，都市街路からの雨水排水の流入（非点源汚染）などがあり，下水処理場の高度化と非点源汚染源の軽減，過去

の汚濁履歴過程によって蓄積した底質からのN, Pの溶出の低減を総合的に考える必要がある。

　地下水の汚濁では，1975年後半からトリクロロエチレン等の有機溶媒による地下水汚染が各地に広がっていることが明らかにされている。トリクロロエチレンやテトラクロロエチレンなどの有機溶媒は半導体工場でのデバイスの洗浄やドライクリーニングなどで用いられており，その使用については特に注意を払わなければならない。また，地下水汚染として健康項目に新たに加えられた硝酸性窒素等に関しても，汚染が確認されている地下水源があり，硝酸性窒素が乳幼児の健康に影響を及ぼすことを考えると重大な問題として認識される。硝酸性窒素の汚染源として畑作地帯農業の窒素肥料散布の問題が指摘されている。このように地下水汚染は土壌汚染の問題と密接に関わっている。

　その他の汚染として，油，PCB，重金属，プラスチック，廃油などによる海洋汚染も重大な問題であり，海鳥，アザラシなどの海洋動物に甚大な影響を与えている。なかでもタンカーの座礁による重油汚染は，その環境系に与えるインパクトは大きく，その回復対策の手法の開発は特に重要な課題となっている。

　最近，微量汚染物質として注目を集めているダイオキシン，トリブチルすずを含めた環境ホルモン（内分泌かく乱物質）は，水系，大気，土壌，底質などすべての環境系で確認されており，その汚染の広さはまだまだ確認されていない。日本の水系におけるダイオキシン汚染に関しては，過去に使用された農薬類が水系（河川）を通して流出したものが，海域湖沼などの底質内部に蓄積されているという報告結果があり，時空を超えて環境系に影響を与える危険性を孕（はら）んでいる。

1.3　大気環境の現状

　大気圏は，水圏，地圏と有機的に結びついており，地球内の物質循環を考えるうえで重要な環境要素である。その大気圏の環境（大気環境）に関する21

世紀最大の関心事は地球温暖化であろう。また，オゾン層の破壊や酸性雨など人類のみならず他の生物種の生存に影響を及ぼす様々な問題が顕在化している。さらに，近隣諸国の経済成長が，酸性雨や黄砂などの越境大気汚染問題として身近に影響を及ぼしていることに対する懸念も広がっている。わが国は高度経済成長期に，ばい煙による大気汚染を経験したが，近年，急速な経済成長を遂げている国々で同様な公害問題が発生している。

このような地球規模の課題が国際的に議論される一方で，市民は身近な空間に生活の質の向上を求めており，室内環境はもとより屋外においてもより清浄な空気が望まれる。したがって，揮発性有機化合物（VOC，volatile organic compounds）による室内空気汚染や自動車排気ガスによる大気汚染など身近に起こる都市・生活型の問題も注視しなければならない。図 1.1 は大気汚染問題の時間・空間的な広がりを示したものである。

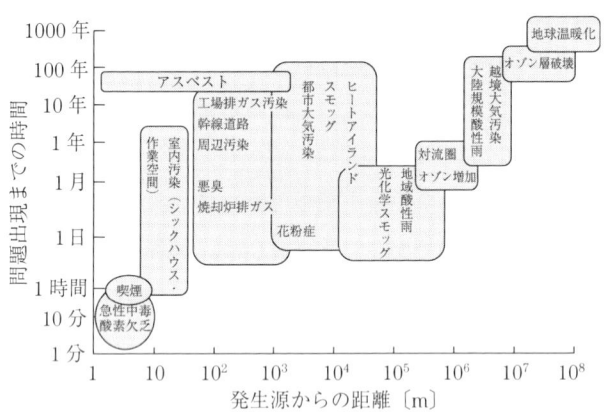

図 1.1 大気汚染問題の時間・空間的な広がり[5]

例えば，公害型の大気汚染の場合，初めに急性的な健康被害が短時間で狭い範囲に発生した。しかし，その慢性的な影響は中・長期間を経て，広範囲に及んでいる。ただし，1970年代に工場およびその周辺の限られた地域で，発病までの潜伏期間が長いアスベストによる健康被害や戦後の杉の植林に伴う花粉飛散によるアレルギー発症などは問題が顕在化するまでに時間を要した点にお

いて特異な位置を占める。また，フロンの大気中への放出は1960年代に始まっているが，その影響が確認されるのは20年後である。人の平均寿命よりも長期化する問題である地球温暖化問題に対して今何をすべきかを考えることは，現代を生きるわれわれにとってまさに次世代に対する責務といえる。

1.4 音環境の現状

騒音とは生理的な障害を引き起こすような大きな音を始め，さほど大きくなくても休養や安眠を妨げ，勉強や仕事の効率を低下させ，人と人との会話，音楽鑑賞やメディアからの音声情報の伝達を妨げる音をいう。特に，幼児期からの精神発達に重要な役割を果たしているともいわれている。個人および社会レベルのいずれにおいても聴覚情報の正しい伝達を妨げる騒音は取り除かれるべきものである。市街地や郊外には道路沿道における交通騒音，鉄道沿線における鉄道騒音，飛行場周辺の航空機騒音，さらに工場騒音など住民の快適な生活を妨げる騒音が顕在化している。日常生活の空間では，室内から発生する騒音が近隣騒音としてトラブルの原因になっている。

私たちは非日常的な音に対しては全神経を集中し存在を意識することから，騒音問題は物理的側面のみならず，私たち人間の生理的（音響生理）側面および心理的（音響心理）側面を合わせた3つの側面から考える必要がある[6]（図1.2）。

騒音の中には，機械の異常や自動車の接近など危険に関する情報を提供する場合がある。また，音には防災情報を知らせる街頭放送など緊急情報媒体とし

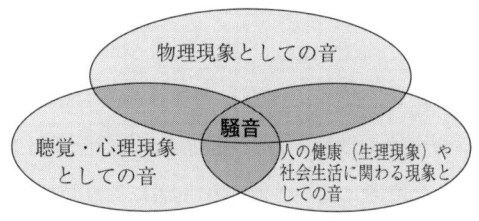

図1.2 騒音問題のもつ3つの側面[6]

ての役割もある。さらに，より質の高い音環境として，物売りの声や時刻を知らせる寺院の鐘の音など人の生活に関わる音風景や，生物の情報伝達手段である鳥の鳴き声や虫の音などの地域の音の原風景[7]~[9]（urlandschaft）にも関心が払われている。したがって，騒音のレベルの低減という量的なアプローチとともに音質の改善が求められる。すなわち，音源のもつ主観的な意味，過去の体験など，例えば鉄道音などのようにノスタルジアといった認知的要因の影響は無視できない。アメニティという観点からはこのような長時間の複合的音環境をいかに考えるかが重要である。

21世紀を迎えて，都市はもとより地方においてもグローバル化に伴い昼夜を問わないライフスタイルが定着し，それに伴って音・振動環境の制御は日常生活にとって重要となっている。最近の日本における音に関する環境問題は，単に騒音に妨害されない生活環境というだけでなく，音環境の再生，すなわち私たち日本人が慣れ親しんできた音の感性の再生に向かっている。これを実現するためには，技術者はこのような新たな課題を解決すべく，環境騒音の測定・評価を通して，住民が音について正しい知識を持つ手助けなど，住民と行政が協働しながら地域の環境再生に取り組む仕組みづくりが重要である。

1.5 公衆衛生と工学的対応（環境基準）

1.5.1 都市の公衆衛生

〔1〕 ものづくりと都市の衛生問題　　水や空気は人や他の生物の生命を維持するために不可欠である。21世紀を迎え，世界各地でエネルギー消費が増大している。先進国のみならず急速に経済成長を達成しようとしている国々においても化石燃料の燃焼による二酸化炭素（CO_2）の排出量が増大し，地球大気環境への影響が懸念されている。化石燃料の需要は産業革命を契機とする。エネルギー源としての化石燃料の燃焼や精製された石油関連物質を素材とした機能的な物質が作り出され，様々な用途に使用され市民生活に入り込んでいる。

現在，先進国ではこれらの排出抑制に加えて，製造から使用，廃棄までを全

体的にとらえたライフサイクルアセスメントの考え方を取り入れ，CO_2の排出量を指標として地球温暖化防止に向けたものづくりを行っている。その一方で，発展途上国では，ものづくりに伴って発生する排水，排気ガスおよび産業廃棄物は，水質および大気を汚染し，人の健康に影響を及ぼしており，今後先進国が蓄積している環境技術の導入が急務となっている。

〔2〕 **公衆衛生における疫学の役割** 都市における人々の健康を考えるうえで重要な出来事がある。18世紀半ばのロンドンで発生したコレラの原因が水道用ポンプであることを突き止めたジョン・スノー博士の疫学に関する業績である。疫学（epidemiology）とは「ある特定の人口集団における健康に関連した状態や事象の分布と決定要因の研究および健康管理への応用」と定義される。すなわち，基本には個々人の健康ではなく地域社会や職場などある領域の集団における人々の集合的な健康を考えることを指す。ある集団の疾病や健康障害に関連した要因への曝露の程度，曝露を受けた人々の数およびその集団におけるまん延の可能性に関する科学的データを提供するという疫学的アプローチは，患者の増加や再発予防するという公衆衛生の目的に寄与している。

〔3〕 **伝染病の流行と公衆衛生** 人類は伝染病に起因する疾病と闘ってきた。中世では十字軍，大航海時代には新大陸とスペイン，ポルトガルとの往来，モンゴル帝国のヨーロッパ支配など世界規模の交流により伝染病が広まった。14世紀のヨーロッパでは，ペスト（黒死病）の大流行により，人口の約1/4が死亡したといわれている。水系伝染病であるコレラの日本上陸は1822年とされている。1879年の大流行では京都府だけでも1100人あまりの死者を出したとされている[1]。1848年にイギリスではすでに公衆衛生法が制定されている。その後，19世紀後半以降のパスツールやコッホらによって発症の原因がコレラ菌や結核菌などの病原性微生物であることが相ついで発見され，細菌学や免疫学の進歩によって伝染病は克服できると考えられた。

しかし，公衆衛生の重要性が認識されるに至り，工学的対応として都市においては近代的な上下水道の整備が重要な役割を果たした。1946年のジュネーブ宣言（医の倫理）に伴って世界保健機構（WHO）が発足し，世界の公衆衛

生対策が推し進められている。

〔4〕 **公衆衛生の考え方**[2] 私たちの死因は複雑な要因が絡み合っている。特に悪性新生物（がん）や循環器疾病（心疾患，高血圧・脳血管障害など）のような非感染性の慢性疾患の発生要因に関する研究によって，疫学の重要性が再認識され，毒性試験に関する研究が進められた。感染症，非感染症，慢性疾患においては，複数の病因あるいは人とこれを取り囲む環境条件がたがいに複雑に絡み合っている。すなわち，人の健康あるいは疾病は複雑な要因群の集積と総合の結果の表現であり，個体とこれを取り囲むすべての環境と平衡関係によって規定されるとする人間生態学的な考え方が確立された。

世界における死亡原因統計に基づく2001年のWHO報告で，その要因が「栄養失調症，マラリアなどの感染症，乳幼児の死亡など貧栄養による疾患」より「心臓病や脳卒中，糖尿病，がんなど過栄養による疾患」のほうが多くなったと指摘した。これより，日本でもメタボリックシンドロームの診断基準が作成された。先進医療は究極には遺伝子治療など個々人の健康管理を目指す。しかし，栄養不足に関係する疾病に苦しむ地域がまだまだ多い。感染症や化学物質による中毒症は，前者が菌やウイルス感染，化学物質による曝露がなければ発症することはない。しかし，これらの拡散伝播は，水や食品の安全性，産業廃棄物管理，保健医療サービスなどの環境要因がきわめて大きな影響をもち，これらの環境要因に対して適切な配慮と制御がなければ病気の発生予防は不可能である。

1.5.2 環境基準の考え方と評価法[3]

環境基準とは，環境基本法第16条の中で「人の健康を保護し，及び生活環境を保全するうえで維持されることが望ましい基準」と定義されている。行政はこの目標値を達成するため環境政策を進める。人の健康に関する環境問題を議論するうえで，環境基準の考え方を理解しておく必要がある。市民が化学物質によって健康被害を考えるうえで重要な概念であるハザード（hazard）とリスク（risk）について説明し，毒性試験結果から環境基準値が計算されるこ

1.5 公衆衛生と工学的対応（環境基準）

とを理解しておく。

〔1〕ハザードとリスク　ハザードとは，潜在的に危険の原因となりうるものすべてをいい，個々の化学物質が有する有害性をいう。有害性には，人の健康影響と生態への環境影響がある。健康影響には，急性毒性，慢性毒性，発がん性，生殖毒性がある。有害性評価には，疫学的調査と動物実験による調査がある。

リスクとは式（1.1）に示すように，化学物質による影響の有害性と曝露量（摂取量）をかけたもので，どの程度の有害性がどの程度発生するかを示す。重篤度としては，単位物質量摂取当りの死亡率で表すことが多い。化学物質の場合は，動物実験により曝露量と死亡率や影響の発現率の関係（用量-反応曲線）を調べ，不確実係数を用いて人の健康や生態影響を推算する。

$$\text{リスク} = \text{有害性（ハザード）} \times \text{曝露量（摂取量）} \quad (1.1)$$

〔2〕急性毒性の考え方と計算方法　ここでは実験結果を動物から人へ外挿する方法について検討する。まず，動物実験によって得られた図 **1.3**（*a*）において，**無影響量**（NOEL, no observable effect level）を求める。これは，最大無作用量とも呼ばれ，化学物質の毒性試験では，複数の用量段階で動物への毒性を観察するが，そのうち何ら有害な影響が見られない最大用量のことである。また，動物実験によって得られた有害な影響が臓器に認められない

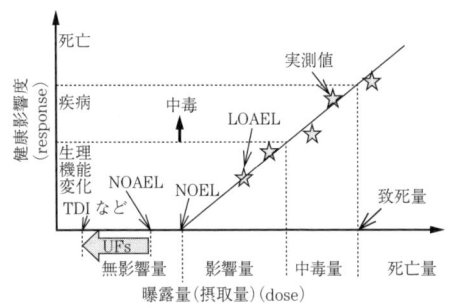
（*a*）動物から人への外挿：閾値あり

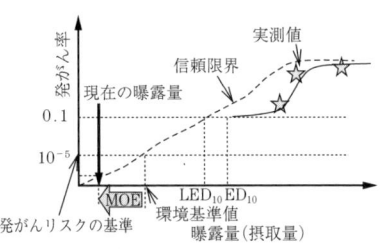
（*b*）発がん性物質の場合（LED_{10}：10%影響用量の安全側信頼限界値）

図 **1.3**　用量-反応曲線と各指標[10],[11]

最大の曝露量を**無毒性量**（NOAEL, no observed adverse effect level）といい，この値の 1/10 を人の NOAEL とし，調査等によって求められた曝露量で除す。

式（1.2）で定義される**安全率**（MOE, margin of exposure）は不確実係数積（UFs）と比較して**表 1.1** によってリスクを評価する。

$$\text{MOE（安全率）} = \frac{\dfrac{\text{NOAEL}}{10}}{\text{曝露量}} \qquad (1.2)$$

ここで，NOAEL/10 は人の NOAEL を意味する。

表 1.1 MOE（安全率）

MOE	判定
10 未満	詳細な評価を行う候補と考えられる
10 以上 100 未満	情報収集に努める必要があると考えられる
100 以上	現時点では作業は必要ないと考えられる
算出不能	現時点ではリスクの判定ができない

UFs は複数の不確実係数（UF）の積である。UF には個人差 10，種の違い 10，試験期間が短い場合 10，LOAEL（最小毒性量）を用いた場合 10，急性毒性値を用いた場合 100，情報の不確実性がある場合 10 などがある。ただし，人の場合は個人差と種の違いの両方を考慮して一般的に 100 を用いる。また，これらの計算には，体重 50 kg の成人を考え，空気吸入量 15 m³/day，食品摂取量 2 kg/day，飲料水 2 l/day，土壌摂取量 0.15 g/day とする。

例題 1.1 リスク計算　大気中に化学物質が $1\,\mu\text{g/m}^3$ 含まれており，動物実験から得られた NOAEL が 0.3〔mg/(kg·day)〕の場合の安全率（MOE）を求めよ。

【解答】式（1.2）より安全率 100 である。

単位重量当りの曝露量は

$$\frac{1.0\times10^{-3}\,[\text{mg/m}^3]\times 15\,[\text{m}^3/\text{day}]}{50\,[\text{kg}]} = 0.03\,[\text{mg/(kg·day)}]$$

したがって，MOE = 0.3〔mg/(kg·day)〕/10/0.03〔mg/(kg·day)〕= 100 　　◇

〔3〕 **亜急性・慢性毒性の考え方と計算方法** 　最小毒性量（LOAEL, lowest observable adverse effect level）とは，**耐容1日摂取量**（TDI, tolerable daily intake）に生涯毎日曝露されても有害な影響が出ないレベルで〔mg/(kg・day)〕で表す．同義の用語に許容1日摂取量（ADI）がある．基本は動物実験から求めた NOAEL を用い，様々な UFs を用いて，式（1.3）により求める．

$$\text{TDI} = \frac{\text{NOAEL（または LOAEL）}}{\text{UFs}} \qquad (1.3)$$

例題 1.2 　ある化学物質の食品中の含有濃度が 1 ppm であった場合に安全性を判断しなさい．ただし，この化学物質のラットによる慢性毒性試験の NOAEL は 1〔mg/(kg・day)〕であり，食品からの摂取を 80 % とする．

【解答】 　食品からの摂取量は

$\quad$ 2〔kg/day〕×1〔mg/day〕=2〔mg/day〕

となり，これを体重 50 kg で割って単位体重当りの摂取量 x は 0.04〔mg/(kg・day)〕となる．一方，ラットの NOAEL から人の NOAEL を推定するために不確実係数積 100 を掛けて

$\quad$ 1〔mg/(kg・day)〕/100=10^{-2}〔mg/(kg・day)〕

となる．食品からの摂取は 80 % なので $y=8\times10^{-3}$〔mg/(kg・day)〕となる．$x/y=5$，すなわち 5 倍のリスクがある． 　　　　　　　　　　　　　　　　　◇

〔4〕 **発がん性物質の場合の計算法** 　発がん性物質の場合は図 1.3（b）に示すように閾値がないと考えられる．この場合は実質的に影響がないと考えられる量として実質安全量（VSD, virtually safety dose）を求める．これをもとにユニットリスク（物質 1 μg/m³=1×10^{-6} 存在するときの生涯（70 年）発がん率：わが国では 10^{-5} の発がんリスクで 10 万人に 1 人ががんになる確率）を用いる．この値と曝露量の比が 1 より大きければリスクが大きいと判断する．例えば，ユニットリスクが 10^{-6} の化学物質の場合 VSD は 10 μg/m³ となる．

例題 1.3 　ある化学物質は発がん性物質でありそのユニットリスクは 2.6×10^{-5} である．この物質の大気中の濃度が 0.5 μg/m³ の場合のリスクを評価

せよ。

【解答】 ユニットリスクから VSD を求める。10^{-5} の発がんリスクの大気濃度が VSD である。

$$VSD = 1 \times 10^{-5}/2.6 \times 10^{-5} \times 1 \ [\mu g/m^3] = 0.38 \ [\mu g/m^3]$$

この値と曝露量の比を求めると

$$0.5 \ [\mu g/m^3]/0.38 \ [\mu g/m^3] = 1.3$$

となる。したがって，1 より大きいのでリスクは高いと判断する。　　◇

例題 1.4 ある発がん性物質によるユニットリスクは 4×10^{-5} である。人口が 50 万人の S 市の物質の大気汚染濃度は $0.2 \ \mu g/m^3$ であり，人口が 20 万人の T 市におけるこの物質の大気濃度は $1.0 \ \mu g/m^3$ である場合，この物質による発がんが予想される人口はどちらの都市が大きいか。

【解答】 発がん率はユニットリスクに大気汚染濃度 $\mu g/m^3$ を乗じて求められる。したがって，この発がん性物質による S 市の発がん率は 0.8×10^{-5} で人口 50 万人を掛けて 4 人。人口 20 万の T 市はそれぞれ 4×10^{-5}，8 人となる。したがって，T 市のほうがこの物質による発がんを予想される人口は多い。　　◇

〔5〕 **WHO 飲料水質ガイドライン**　　飲料水ガイドライン値 GV は式 (1.4) で求めることができる。

$$GV = TDI \times b_w \times \frac{p}{C} \tag{1.4}$$

ここで，b_w：体重（60 kg，日本人 50 kg，子供 10 kg，幼児 5 kg），p：TDI のうち飲料水が占める割合〔%〕で有機物 20 %，無機物 10 %，ダイオキシン類 1 % とする。C：1 日飲料水消費量（大人 2 l，子供 1 l，幼児 0.75 l）である。

1.5.3 環境基準の種類

環境基本法に定められている環境基準には大気に係る環境基準，水質汚濁に係る環境基準（人の健康の保護に係る環境基準・生活環境の保全に関する環境基準），地下水の水質汚濁に係る環境基準，土壌の汚染に係る環境基準，ダイオキシン類による大気の汚染，水質の汚濁および土壌汚染に係る環境基準などがある。

演 習 問 題

【1】 あなたが生活している都市の上水道，下水道の歴史について調べなさい。

【2】 あなたが生活している都市の上水道事業および水道水源の変遷について調べなさい。

【3】 あなたが生活している都市の下水道普及率とその計画について調べなさい。

【4】 身近な公共水域の類型指定とその水質の経年変化について調べなさい。

【5】 地域の湧水，名水について調べなさい。

【6】 あなたが生活している都市の総合計画および環境基本計画について調べなさい。また，自分たちができる事柄について考察しなさい。

【7】 NHKアーカイブスの中の「環境アーカイブ」「公害の記録」は映像を通して，公害問題の悲惨さや裁判の経緯などが学習できる。視聴可能かどうか調べ，機会があればそれらを見て日本公害問題の歴史についてまとめなさい。

2

上 水 道

　本章では，近代上水道施設に関する技術ついて学習する。はじめに，水道の目的と種類および基本的な水道施設について学習する。次に，水道に求められる原水水質および飲料水質基準について理解し，急速ろ過システムを中心としたわが国の浄水技術について学習する。さらに，これからの水道ビジョンに示されているように，施設の維持管理やより安全に安定した水道水を供給するために注目されている膜ろ過などの技術についても学習する。

2.1 水道の目的と種類

2.1.1 水道の目的と必要条件

　水道法（1957年）によると，水道の目的は「清澄にして豊富低廉な水の供給をはかり，もって公衆衛生の向上と，生活環境の改善に寄与すること」と記されている。このように，水道水は衛生学的に飲用に適した清澄な水（水質）であり，量的にも豊富（水量）で安価（低廉），しかも水道の蛇口から勢いよく出る（水圧）ことを必要条件とされる。これらの水質，水量，水圧，低廉の条件を，水道の4大要素という。

2.1.2 水道の種類と施設の概要

　水道法では，水道の施設に関して「水道とは，導管およびその他の工作物により水を人の飲用に適する水として供給する施設の総体（ただし，臨時に施設されたものを除く）をいう」と定義している。表2.1に水道法による水道の種類を示す。対象となる水道は，給水人口101人以上の規模としている。

2.1 水道の目的と種類

表2.1 水道法による水道の種類

事業名	事業の内容
上水道	計画給水人口5001人以上の事業体
簡易水道	計画給水人口101人以上5000人以下の事業体（水質的には，上水道と同じ基準を満足している。ここで簡易という言葉は，簡易的な浄水方法によって原水を処理しているという意味ではない。）
専用水道	寄宿舎，社宅，療養所などの特定の人だけが使用する自家用の水道で，101人以上の住居者に水を供給する設備。
簡易専用水道	水道水が受ける水槽の容量が10 m³を越えるビルやアパートなどの給水設備

　水道水を作るためには，貯水，取水，導水，浄水，送水，配水，給水の7つの基本的な施設が必要となる。**表2.2**と**図2.1**に水道の基本的施設の概要と水道の基本施設の流れを示す。

表2.2 水道の基本的施設の概要

施設	施設の概要と関連設備
貯水	降雨を貯留して，渇水時の水道水の供給にも十分対応できる施設とする。（ダム，貯水池，カビ臭などの除去を目的とした空気揚水筒）
取水	河川・湖沼・ダム湖・貯水池・地下水などの水源から，原水を取水する施設。（河川水：堰・水門・樋門・樋管，取水塔，取水管渠，取水わく，地下水：浅井戸，深井戸，ポンプ，ストレーナ）
導水	取水後，原水を導水管によって浄水場まで輸送する施設。（沈砂池・ポンプ・導水管渠）
浄水	原水を飲用に適するように改善するために，濁質・有機物・異臭味・色素・金属類（鉄・マンガンなど）・細菌類（特に指標細菌としての大腸菌群）を物理的・化学的・生物学的に除去する施設の総称。（薬品注入，凝集池（急速混和池・フロック形成池），沈殿池，急速ろ過池，緩速ろ過池，活性炭処理，オゾン酸化，消毒設備）
送水	浄水後，配水施設（配水池など）間で輸送するための管路施設。（ポンプ，送水管）
配水	浄水された水を，供給と需要のバランスを制御しながら一定の水圧を保持して，需要者に供給する施設。（ポンプ，配水池，配水管，高架水槽，配水塔）
給水	配水管から分岐して，各家庭・工場・事業所に水道水を供給する設備で，需要者がその工事費を負担する。（給水管，給水タンク，水道メータ，水栓など）

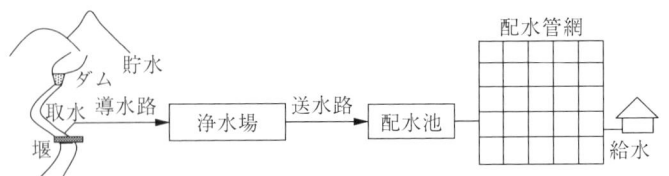

図 2.1　水道の基本施設の流れ

2.2　水量と水質

$2.2.1$　水量と計画給水量

　水道水の供給量は，都市の経済活動・社会活動によって消費される水の総需要量によって決定される。水道水の需要量は，生活用水（一般家庭用・浴場営業用），業務・営業用水（官公署用・学校用・病院用・事務所用・営業用），工業用水，その他（他用への分水・水道事業用水・メータ不感水量など）の各用途別水量によって決まる。それらの原単位には，家庭用水に対して，1人1日当り使用水量〔$l/$(人・日)〕，業務・営業用水や工場用水に対して，建物の床面積当り〔$l/$(m^2・日)〕，従業者当り〔$l/$(人・日)〕あるいは工業出荷額当り水量〔m$^3/$(億円・年)〕などが挙げられる。**表 2.3**，**表 2.4** に一般家庭用水使用目的別構成比と世帯構成人員別使用水量の一例を示す。原単位は長年の水利用実態の動向と実績値をもとにして，その都市の計画年次における値を算定する。

表 2.3　一般家庭用水使用目的別構成比[1)]　〔単位：％〕

目的別 調査機関	台所	洗濯	風呂	手洗・洗面	水洗便所	掃除	その他	計
日本住宅公団	17.5	25	17.5	13.5	18	7	1.5	100
東　京　都	19	30	17	9	16	4	5	100
横　浜　市	15.7	33.8	19.1	12.2	11.1	5.8	2.3	100
平　　　均	17.4	29.6	17.9	11.6	15.0	5.6	2.9	100

　建設を予定している水道施設の規模は，その都市の計画年次における**計画給水量**（planned supply amount）に基づいて決定される。計画年次の目安を**表 2.5** に，計画給水量を式（2.1）に示す。

表2.4 世帯構成人員別使用水量の一例[1]

世帯構成人員〔人〕	1	2	3	4	5	6	7人以上
1人1日当り使用水量〔l〕	338.6	223.0	216.1	179.2	151.3	145.9	144.4
平均使用水量に対する比	1.69	1.12	1.08	0.90	0.76	0.73	0.72

表2.5 施設別計画年次[2]

施設の種類	計画上の特徴	計画年次〔年〕
大規模なダム，井戸群などの水源施設	拡張が困難で巨額の費用を伴う	25～50
導送水本管などのうち大規模なもの（トンネル，水路など）	需要の延びと資金利率が低い場合（年3％ぐらい以下の場合）	20～50
配水池，浄水場の基幹施設などのϕ300 mm以上の配水本管	需要の延びと資金利率が高い場合（年3％ぐらいを越える場合）小径管を大径管に置き換えることは非常に不経済である	10～15 分割してつくりうる場合も多い
ϕ300 mm以下の配水枝管など	必要に応じて短時日で需要に対処して，需要地点の長期の予測ができない	需要に応じて考える

$$計画給水量 = \begin{pmatrix} 計画給水 \\ 区域内人口 \end{pmatrix} \times \begin{pmatrix} 計画年次における \\ 1人1日給水量 \end{pmatrix} \times \begin{pmatrix} 計画年次における \\ 給水普及率 \end{pmatrix}$$

(2.1)

過去20年程度の人口動態を観察することによって，人口（y）と基準となる年からの経過年数（x）の関係を求めるために，以下に示す適切な予測式を適用して，最小二乗法によってそれらのパラメータを決定する方法が一般的である．

1）年平均増加法による方法（$y = ax + b$）
2）年平均増加率による方法（$y = y_0(1+r)^n$）
3）べき曲線式による方法（$y = y_0 + Ax^a$）
4）ロジスティック曲線による方法 $\left(y = \dfrac{K}{1 + e^{a-bx}} \right)$

2.2.2 水道水の水質

水道水が備えていなければならない水質の条件は，(1)衛生的で安全であること，(2)飲用するときに不快感や不安感が生じないこと，(3)水道設備に悪影響を与えないこと，などであり，これらの要件を満足するよう，**表2.6**と**表2.7**に示すように，健康に関する項目（30項目）と水道水が有すべき性状に関する項目（20項目）に関して全国一律の基準値が定められている。また，将来にわたって水道水の安全性を確保するために水質管理上留意すべき項目として，水質管理目標項目を設定している。

表2.6 健康に関する項目（30項目）

検査項目	基準値
一般細菌	1 ml の検水で形成される集落数が100以下
大腸菌	検出されないこと
カドミウム及びその化合物	カドミウムの量に関して 0.01 mg/l 以下
水銀及びその化合物	水銀の量に関して 0.0005 mg/l 以下
セレン及びその化合物	セレンの量に関して 0.01 mg/l 以下
鉛及びその化合物	鉛の量に関して 0.01 mg/l 以下
ヒ素及びその化合物	ヒ素の量に関して 0.01 mg/l 以下
六価クロム化合物	六価クロム量に関して 0.05 mg/l 以下
シアン化物イオン及び塩化シアン	シアン量に関して 0.01 mg/l 以下
硝酸態窒素及び亜硝酸態窒素	10 mg/l 以下
フッ素及びその化合物	フッ素の量に関して 0.8 mg/l 以下
ホウ素及びその化合物	ホウ素の量に関して 1.0 mg/l 以下
四塩化炭素	0.002 mg/l 以下
1,4-ジオキサン	0.05 mg/l 以下
1,1-ジクロロエチレン	0.02 mg/l 以下
シス-1,2-ジクロロエチレン	0.04 mg/l 以下
ジクロロメタン	0.02 mg/l 以下
テトラクロロエチレン	0.01 mg/l 以下
トリクロロエチレン	0.03 mg/l 以下
ベンゼン	0.01 mg/l 以下

クロロ酢酸	0.02 mg/l 以下	総トリハロメタン	0.1 mg/l 以下
クロロホルム	0.06 mg/l 以下	トリクロロ酢酸	0.2 mg/l 以下
ジクロロ酢酸	0.04 mg/l 以下	ブロモジクロロメタン	0.03 mg/l 以下
ジブロモクロロメタン	0.1 mg/l 以下	ブロモホルム	0.09 mg/l 以下
臭素酸	0.01 mg/l 以下	ホルムアルデヒド	0.08 mg/l 以下

表2.7 水道水が有すべき性状に関する項目（20項目）

検査項目	基準値
亜鉛及びその化合物	亜鉛の量に関して 1.0 mg/l 以下
アルミニウム及びその化合物	アルミニウムの量に関して 0.2 mg/l 以下
鉄及びその化合物	鉄の量に関して 0.3 mg/l 以下
銅及びその化合物	銅の量に関して 1.0 mg/l 以下
ナトリウム及びその化合物	ナトリウムの量に関して 200 mg/l 以下
マンガン及びその化合物	マンガンの量に関して 0.05 mg/l 以下
塩化物イオン	200 mg/l 以下
カルシウム，マグネシウム等（硬度） 蒸発残留物	300 mg/l 以下 500 mg/l 以下
陰イオン界面活性剤 ジェオスミン 2-メチルイソボルネオール 非イオン界面活性剤 フェノール	0.2 mg/l 以下 0.00001 mg/l 以下 0.00001 mg/l 以下 0.02 mg/l 以下 フェノールの量に換算して 0.005 mg/l 以下
有機物（全有機物炭素の量） pH値 味 臭気 色度 濁度	5 mg/l 以下 5.8 以上 8.6 以下 異常でないこと 異常でないこと 5 度以下 2 度以下

2.2.3 主な水質基準項目の障害について

1) 陰イオン界面活性剤・非イオン界面活性剤　洗剤に含まれているもので，発泡の原因となる。

2) 鉄　異臭味，水酸化第二鉄の状態で水に着色し赤水障害を起こす。

3) 亜鉛　下痢，腹痛などを起こし，「白い水」の原因物質である。（白濁）

4) マンガン　慢性中毒（神経障害），急性中毒（頭痛，脳炎等），「黒い水」の原因物質

5) ヒ素　慢性中毒（皮膚潰症，黒皮症，角化症），急性中毒（嘔吐，下痢），致死量 0.1〜0.3 g

6) フッ素　1 ppm までは，虫歯抑制の効果があるが，2 ppm で斑状歯，骨軟化症，甲状腺障害などを生じる。致死量 2.5〜5 g

7) 硝酸性窒素　乳児のメトヘモグロビン症

8) トリクロロエチレン，テトラクロロエチレン，クロロホルムなど　発がん性物質
9) pH　水溶液の酸性・中性・アルカリ性の程度の指標として用いられ，水素イオン濃度の逆数の常用対数をとって表示される。酸性（凝集阻害，パイプ腐食，不味），アルカリ性（塩素殺菌効果低下，不味）

2.3 水源と取水

2.3.1 日本における水資源

　日本は，アジアモンスーン地域内に位置しており，初夏は梅雨前線，秋は台風，冬は日本海における降雪があり天水には恵まれている。年平均降雨量は約1 718 mmであり，世界平均の約970 mmの2倍近くとなっている。降水総量は年間約6 700億 m^3 であるが，そのほとんどはわが国の急峻な地形によって洪水となって河川を経由して海へ流出する。このように流量変動の大きい河川水を水資源として利用するためには，ダム等の貯水能力をもった施設が必要である。なお，最大流量と最小流量の比を河況係数といい，わが国では100～1 000の範囲にある。

　水資源の存在形態としては，河川水，湖沼・ダム湖，地下水，天水，海水などがある。河川水は，堰，水門（あるいは樋門，樋管）によって構成される施設によって取水され，その河川流量の調整は上流ダムの放流調節によってなされる。湖沼の水は，流出河川の水門・堰などによって湖沼水位を上下調節することによってその水量を確保している。しかし，環境や生態系への影響も懸念されるので注意を要する。ダム湖水を直接水源として利用する場合，カビ臭，藻類による異臭味，淡水赤潮による水質悪化などダム湖内の水質についても管理を要する。地下水は，都心においては深井戸（被圧地下水）がほとんどで水質は良好である。河川水質の良好な扇状地や山間部の町村では，河川伏流水や浅井戸などの地下水を水道水（水道原水）として利用している。ただし，浅井戸（自由地下水）は地下水汚染が顕在化しているところがある。

水源分類での全国の利用率は，2001年度において地表水（河川水：ダム貯水池水も含む）が約72.4％，地下水が約24.8％となっている。

2.3.2 取水施設

〔1〕 堰，取水部　　水道用水の取水は，一般的に上流部のダムにおいて河川流量を調節し，下流の都市部近くで河川水を堰上げ水門あるいは樋門，樋管とゲートによって取水する方法をとっている。図 2.2 (a) は堰で，図 (b) は堰付属のゲートと取水部である。

(a) 下流部の堰　　(b) 堰付属のゲートと取水部

図 2.2　函館近郊の上水道専用の堰（汐泊川）

〔2〕 水道専用貯水池・多目的貯水池（ダムなど）　　水道専用貯水池は，河川に流入する降水を上水道専用目的で貯水する施設である（図 2.3）。上流部に畜産業の施設がある場合に流入する窒素，リンなど栄養塩類により藻類が異常増殖し，さらにその死骸によるカビ臭発生という異臭味問題が起こりやすく，オゾン酸化，活性炭処理の必要性が生じる。この発生原因を軽減するために空気揚水塔設備を設け，曝気により酸素供給と湖水の循環を同時に促進させることも行っている。

　多目的ダムは，〈洪水調節（必須）〉，〈発電，上水道，工業用水（どれか1つ以上）〉，〈農業用水（なくてもよい）〉等の複数の目的に利用されるダムであり，高度な調節管理が必要となる。水質的には，水道専用貯水池と同じ問題を抱えている。

図 2.3 函館市の上水道用ダム（中野ダム）

〔3〕 **河口堰** 河口堰は河口部で海水の遡上を止めて，淡水の利用を可能にするという目的のほか，洪水時のフラッシュによる河川堆積物の洗い出しなどの効果も期待される。貯留された水は工業用水，農業用水として取水される場合もあるが，塩害が発生し利用が制限されることがある。また，河口に存在するかん水域，汽水域における生態系の多様性を保全する観点からその建設の是非が問われる（図 2.4）。

図 2.4 長良川河口堰
〔撮影：笠原裕二氏〕

〔4〕 **地下水・伏流水** 地下水は深井戸，浅井戸によって取水されるものである。深井戸は一般的に水質が良好で安定しているが，時として硫化水素を含むことがある。一方，浅井戸は人為的影響を受けやすく，トリクロロエチレンやテトラクロロエチレンなどの有機溶媒や肥料の散布による硝酸性窒素（$NO_3^- - N$）により汚染されている地域がある。また，山間部の水質が良好な河川が存在する町村部では，一般的に河川の伏流水を取水している。

2.4 導水・送水施設

導水は，河川水を取水した後の沈砂池から浄水場の着水井までの原水輸送の施設の総称である。**送水**は，浄水場から浄水を配水地まで輸送する施設であ

る。ともに，開渠・暗渠および管路・トンネルによって原水および浄水を輸送する。導水および送水の管路が使用できなくなった場合は，給水区域内の住民生活に多大の影響を与えるのでその管理運営には十分注意を要する。

2.4.1 導水渠・送水渠

導水渠，送水渠は，自由水面をもつ開渠，暗渠，トンネルなどである。通常これらの水路はコンクリート造りまたは鉄筋コンクリート造りで，水の円滑な流れと漏水防止，水路内面の磨耗防止の性能を有している。最小流速は水路に砂粒子が沈殿しないよう0.3 m/sと定められており，平均流速の最大限度はモルタルまたはコンクリートで3.0 m/s，モルタルライニングコート塗装で5.0 m/sとなっている。平均流速公式は以下のものが用いられる。

1) ガンギレー・クッター公式

$$v=\frac{23+\frac{1}{n}+\frac{0.00155}{I}}{1+\left(23+\frac{0.00155}{I}\right)\frac{n}{\sqrt{R}}}\sqrt{RI} \qquad (2.2)$$

2) マニング公式

$$v=\frac{1}{n}R^{\frac{2}{3}}I^{\frac{1}{2}} \qquad (2.3)$$

ここで，v：平均流速〔m/s〕，R：径深（流水面積/潤辺）〔m〕，I：水面勾配（通常1/1 000〜1/3 000）〔無次元〕，n：粗度係数（通常0.013〜0.015）〔s/m$^{\frac{1}{3}}$〕である。これらの公式で使用される単位はm，sを用いなければならない。

例題 2.1 コンクリート長方形水路（幅1.5 m，深さ2.0 m）において，水路の有効水深が1.7 mの場合，ガンギレー・クッター公式，マニング公式を用いて平均流速を求めなさい。ただし，水面勾配は1/1 000，粗度係数 $n=0.013$ とする。

【解答】 径深 $R=\dfrac{A}{S}=\dfrac{1.5\times1.7}{1.5+1.7\times2}=0.520$ 〔m〕

ガンギレー・クッター公式を用いた場合，式（2.2）より

$$v=\frac{23+\dfrac{1}{0.013}+\dfrac{0.00155}{0.001}}{1+\left(23+\dfrac{0.00155}{0.001}\right)\dfrac{0.013}{\sqrt{0.520}}}\sqrt{0.520\times0.001}=1.60 \ [\mathrm{m/s}]$$

マニング公式を用いた場合，式（2.3）より

$$v=\frac{1}{0.013}(0.520)^{\frac{2}{3}}\times(0.001)^{\frac{1}{2}}=1.57 \ [\mathrm{m/s}] \qquad\qquad\diamond$$

2.4.2 導水管・送水管

導水管および送水管は，管路またはトンネルの様式をとり，水理学上では管水路として扱われ，圧力水頭を有する。管水路は，導送水管本体とポンプ（必要に応じて）のほか，水管橋（図 2.5），橋添架，伏越しによる河川横断施設，起動横断施設，接合井，制水弁，空気弁，排泥弁，マンホール，流量計，水量制御施設などとともに導水管路・送水管路を構成している。

図 2.5 斜長橋の水管橋（仁井田水管橋）[8]

管水路の設計において損失水頭を求める場合，一般に式（2.4），式（2.5）に示すようにダルシー・ワイズバッハ公式（Darcy-Weisbach 公式）を用いる。

$$h_f=f\frac{l}{D}\cdot\frac{v^2}{2g}=f\frac{8}{\pi^2 g}\cdot\frac{lQ^2}{D^5} \qquad\qquad (2.4)$$

$$I=\frac{h_f}{l}=f\frac{1}{D}\cdot\frac{v^2}{2g}=f\frac{8}{\pi^2 g}\cdot\frac{Q^2}{D^5} \qquad\qquad (2.5)$$

ここで，h_f：摩擦損失水頭〔m〕，l：管路長〔m〕，D：管径〔m〕である。摩擦損出係数 f は，その管路におけるレイノルズ数（$\mathrm{Re}=vD/\nu$）と粗度（k）の関数であり Moody 線図と材質による絶対粗度より算出される。

管路の流速公式は，水道の分野で長い間，次式に示すヘーゼン・ウィリアムス公式（Hazen-Williams 公式）が用いられてきた。

$$v=0.35464\,CD^{0.63}I^{0.54} \tag{2.6}$$

$$Q=0.27853\,CD^{2.63}I^{0.54} \tag{2.7}$$

ここで，Q：流量〔m³/s〕，v：平均流速〔m/s〕，I：動水勾配，C：流速係数，D：管の内径〔m〕である。

ヘーゼン・ウィリアムス公式の流速係数は各種管において 110 であり，屈曲損失等を別途に計算するとき，直線部の C の値を 130 にすることができる。

導水管に用いられている管の種類として，鋳鉄管，鋼管，遠心力鉄筋コンクリート管，硬質塩化ビニル管などが用いられる。

2.5 浄 水 施 設

浄水施設は，河川水などの原水から濁質，細菌などを除去する施設で，飲用可能な水道水を作成する水質変換機能を有するシステムである。

2.5.1 浄水方式の種類

各家庭，事業所に安全な水を配水するために浄水施設において原水水質が最悪の場合でも水道法に定められた水質基準をクリアする水道水を作らなければならない。

基本的な浄水方式を以下に示す。

① 塩素消毒だけの方式

② 緩速ろ過方式

③ 急速ろ過方式

④ 特殊処理を含む方式

⑤ 限外ろ過膜を用いた方式

現在，わが国における浄水の方式としては，③の急速ろ過方式あるいは④，⑤の特殊処理と限外ろ過膜を含めた処理方式が一般的である。不純物が少ない原水に適した浄水法である緩速ろ過方式を採用している浄水場もある。良質の地下水や伏流水を得られる地域では，塩素消毒のみで浄水を供給していると

表 2.8 浄水方法の選定の目安[1]

浄水方法	原水の水質	処理方法		摘要
塩素消毒だけの方式	①大腸菌群（100 ml MPN）50以下 ②一般細菌（1 ml）500以下 ③他の項目は水質基準に常に適合する	消毒施設のみとすることができる		
緩速ろ過方式	①大腸菌群（100 ml MPN）1 000以下 ②生物化学的酸素要求量（BOD）2 ppm以下 ③年平均濁度10以下	緩速ろ過池	沈殿池不要	年最高濁度10度以下
			普通沈殿池	年最高濁度10～30度
			薬品処理可能な沈殿池	年最高濁度30度以上
急速ろ過方式	上記以外	急速ろ過池	薬品沈殿池	①濁度最低10度前後，最高約1 000度以下，変動の幅が極端に大きくないこと ②処理水の変動が少ないこと
			高速凝集沈殿池	
特殊処理を含む方式	侵食性遊離炭素	エアレーション，アルカリ処理		
	pH調整（pH低く侵食性）	アルカリ処理		
	鉄	前塩素処理，エアレーション，pH調整，鉄バクテリア法		
	マンガン	①〔酸化〕+〔凝集沈殿〕+〔砂ろ過〕，前塩素処理，過マンガン酸カリウム処理，（オゾン処理） ②接触ろ過法 　マンガン砂ろ過，二段ろ過 ③鉄バクテリア法		
	生物	薬品〔硫酸銅，塩素，塩化塩〕処理，二段ろ過，マイクロストレーナ，ろ布		
	臭味	発生原因生物除去，エアレーション，活性炭処理，塩素処理，オゾン処理		
	陰イオン活性剤，フェノール等	活性炭処理，（オゾン処理）		
	色度 フッ素	凝集沈殿，活性炭処理，オゾン処理，活性アルミナ法，骨炭処理，電解法		

ころもある。**表2.8**に，浄水方法の選定の目安を示す。

　なお，日本の都市の上水道における殺菌では，塩素ガスあるいは次亜塩素酸ソーダ（次亜塩素酸ナトリウム）を用いているのが普通である。有機汚染の少ない未開発国において安全な飲料水を獲得するために，塩素消毒方法として次亜塩素酸カルシウム（高度さらし粉）を用いる技術は効果的であると考えられ，技術移転可能である。

2.5.2　計画浄水量

　計画浄水量は，計画1日最大給水量の他に浄水場内での作業用水，雑用水を加え，さらに損失給水量として10％程度を余分に見込む。

2.5.3　緩速ろ過方式

　図2.6に，代表的な**緩速ろ過方式**のフローを示す。緩速ろ過方式は，ろ過池に急速ろ過方式と比較してより細かな砂を充塡（てん）し，原水を4～5 m/dayの速度で通過させる。原水中の濁質や細菌，溶解性有機物，金属成分などは砂表面上にあるろ過膜によるスクリーン作用・吸着分解作用および微生物学的作用によって分解除去される。この生物膜類似の膠（こう）質性汚泥層では，分解浄化能力が高く，アンモニア，マンガン，鉄および異臭味物質なども浄化する。函館市では，一部緩速ろ過を用いており，良質の水道水を供給している。また，この方式による浄水がおいしい水であることが認められており，「函館の水」としても販売している。

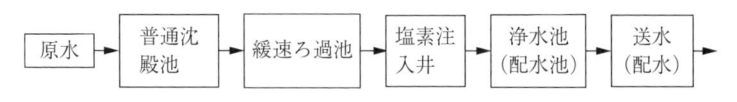

原水 → 普通沈殿池 → 緩速ろ過池 → 塩素注入井 → 浄水池（配水池）→ 送水（配水）

図2.6　緩速ろ過方式のフロー

　この方式の難点は，施設の敷地面積を大きくとること，砂層表面の閉塞を防ぐため抑留物の削り取り作業など維持管理に手間がかかることである。原水水質で高濁質となる場合は，薬品処理可能な沈殿地を設けることがある。**表2.9**

表 2.9 緩速ろ過池の諸元

項　目	諸元および概要
ろ過速度〔m/day〕	4～5 m/day
ろ過池面積〔m²〕	小規模 50～100 大規模 4 000～5 000
ろ層の深さ〔cm〕	60～70 cm
使用砂の指定	有効径 0.3～0.45 mm，均等係数 2.0 以下 最大径 2.0 mm，最小径は無指定
ろ層における砂の径の分布	成層化しない
下部集水装置	逆流洗浄をしないので簡単でよく，主きょと支きょ上にコンクリートブロック積み程度で十分
許容損失水頭〔m〕	0.9～1.2 m
ろ過継続時間	30 日間程度
濁質進入深さ	表面～表層にたまる
ろ層洗浄方法	① 表層の砂を削り取り洗浄後に戻す。 ② 移動式の洗浄器をろ過地に持ち込み，その場で表層の砂を洗浄する。
洗浄水量〔％〕	ろ過水の 0.2～0.6 ％
前処理および補足的処理	一般に曝気が多いが，凝集沈殿をする場合がある。 塩素滅菌
建設費	急速ろ過池より高い
維持管理費	比較的安い
原価償却	遅い

に緩速ろ過池の諸元を示す。

2.5.4　急速ろ過方式

図 2.7 に代表的な**急速ろ過方式**のフローを示す。この中で凝集池（急速混和とフロック形成），薬品沈殿池，急速ろ過について以下に説明する。

〔1〕　**急速混和（凝集池）**　ここでは，濁質（普通粘土粒子であり）を含んだ原水に薬品を注入して，凝集させ微細なフロックを形成させる。濁質であ

原水 → 凝集池 急速混和 フロック形成 → 薬品沈殿池 → 急速ろ過池 → 塩素注入井 → 浄水池（配水池）→ 送水（配水）

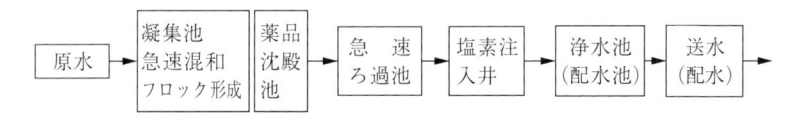

図 2.7　急速ろ過方式のフロー

2.5 浄水施設

る微細粒子はpH中性付近で負（−）に帯電しているので，正（+）に帯電している金属酸化物（凝集剤）（Fe^{2+}，Al^{3+}などの水酸化物：塩化第1鉄，硫酸アルミニウム（硫酸バンド），ポリ塩化アルミニウム（PAC））を加え，微粒子表面に配位させ電荷を中和させる（操作時間1～5分）。

　この操作を**凝集**（coagulation）といい，pHや薬品の注入量によって凝集性状が変化する。このため，ジャーテストによりpH（アルカリ剤）や薬品の最適値を求め，凝集が最適に行われる状態を確保する。凝集剤は無機系凝集剤である硫酸バンド，PAC（ポリ塩化アルミニウム）のほかに，低水温時や高濁水のときに注入する凝集補助剤がある。凝集補助剤には，活性ケイ酸（水ガラス），アルギン酸ソーダなどが一般的である。有機性高分子凝集剤は，はじめは日本においては浄水処理用には許可されていなかったが，現在では認可されており，日本および諸外国でも毒性のない有機性高分子凝集剤を有効に利用している例がある。

　凝集剤の注入によってpHが低下するので，最適凝集領域に設定するためにアルカリ剤として，消石灰（$Ca(OH)_2$），ソーダ灰（Na_2CO_3），カセイソーダ（NaOH）などが用いられている。

　カオリンを濁質とし，凝集剤としてPACを用いた場合のジャーテストにおけるpHと上澄水濁度の関係を**図2.8**に示す。この図から試水における凝集の最適pHと最適PAC量が判断できる。しかし，凝集の性状は，原水の濁質の状況と水温，かくはんの速度勾配G値（$200s^{-1}$，100以上）とかくはん時

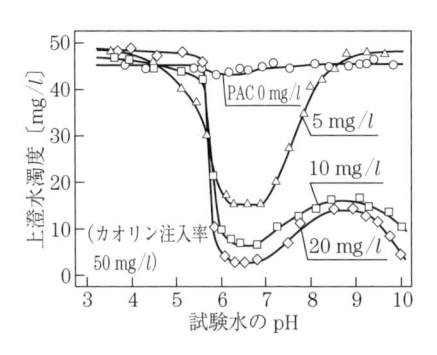

図2.8 凝集剤としてPACを用いた場合のジャーテストにおけるpHと上澄水濁度の関係〔出典：海老江邦雄・芦立徳厚，衛生工学演習―上水道と下水道―，p84，森北出版（1992）〕

間（滞留時間）T によって変化し，$G \cdot T$ 値（$10^4 \sim 10^5$）（無次元値）などの指標を用いてかくはん条件が設定される。

〔2〕 **フロック形成（緩速かくはん）**（20〜40分）　凝集後，緩やかにかくはん（$G \fallingdotseq 30 \sim 60 \text{ s}^{-1}$）し，フロックどうしの衝突を促し，ファン・デル・ワールス力（物理的な吸引力）によって大きなサイズまでフロック化させ沈殿分離可能な状態とする。

〔3〕 **薬品沈殿**　フロック形成池（緩速かくはん）でフロックが形成された後，3〜5時間の滞留時間をもった沈殿池で，重力沈殿により固液分離する過程を**薬品沈殿**（chemical sedimentation）という。沈殿池内部には傾斜板を設置して沈殿分離を効率よく行うことが普通である。

単一粒子の沈降速度は，球形粒子を仮定した場合，ニュートン式で示される。

$$v_t = \sqrt{\frac{4}{3} \cdot \frac{g}{C_D} \cdot \frac{\rho_s - \rho}{\rho} \cdot d} \tag{2.8}$$

ここで，v_t：終末沈降速度〔cm/s〕，g：重力加速度〔cm/s^2〕，ρ：流体の密度〔g/cm^3〕，ρ_s：粒子の密度〔g/cm^3〕，d：粒子の径〔cm〕，C_D：抵抗係数であり，次式に示すレイノルズ数 Re の関数である。

$$\text{Re} = v_t \frac{d}{\nu} \tag{2.9}$$

ここで，ν：流体の動粘性係数〔cm^2/s〕である。抵抗係数の式を以下に示す。Re＜10^4 の広領域に対して式（2.10）に示すラウズの式が用いられる。

$$C_D = \frac{24}{\text{Re}} + \frac{3}{\sqrt{\text{Re}}} + 0.34 \tag{2.10}$$

例題 2.2

①フロック粒子を球形（直径 0.6 mm，密度 1.02 g/cm^3）と仮定して，ニュートン式とラウズの式を用いて，水温 10℃における沈降速度を求めなさい。ただし，10℃における水の密度は，$\rho = 0.9997$ g/cm^3，水の動粘性係数は $\nu = 1.310 \times 10^{-2}$ cm^2/s である。

②①の沈降速度をもとにして，有効水深 3.3 m の水平流式沈殿池での沈殿

2.5 浄水施設

時間と水平流速を 40 cm/min としたときの沈殿池の必要長さを求めなさい。

【解答】

① ニュートン式を用いる。

$\rho=0.9997\,\mathrm{g/cm^3}$, $d=0.06\,\mathrm{cm}$, $\rho_s=1.02\,\mathrm{g/cm^3}$, $g=980\,\mathrm{cm/s^2}$ であるから

$$v_t=\sqrt{\frac{4}{3}\cdot\frac{g}{C_D}\cdot\frac{\rho_s-\rho}{\rho}\cdot d}=\sqrt{\frac{4}{3}\cdot\frac{980}{C_D}\cdot\frac{1.02-0.9997}{0.9997}\cdot 0.06}$$
$$=\sqrt{1.592\,C_D^{-1}} \qquad (2.11)$$

Re=1 と仮定しラウズの式から

$$C_D=\frac{24}{\mathrm{Re}}+\frac{3}{\sqrt{\mathrm{Re}}}+0.34=27.34$$

を得る。これを式 (2.11) に代入すると

$$v_t=\sqrt{\frac{1.592}{27.34}}=0.241\,\mathrm{cm/s}$$

となる。この v_t をもとに Re_1 を計算する。

$$\mathrm{Re}_1=\frac{0.241\times 0.06}{0.0131}=1.104$$

ラウズの式よりもう一度 C_D を計算し v_{t1} を求める。

$$C_D=\frac{24}{1.104}+\frac{3}{\sqrt{1.104}}+0.34=24.93$$

$$v_{t1}=\sqrt{1.592\,C_D^{-1}}=\sqrt{\frac{1.592}{24.93}}=0.253\,\mathrm{cm/s}$$

繰返し収束するまで計算を行う。

$$\mathrm{Re}_2=\frac{0.253\times 0.06}{0.0131}=1.159$$

$$C_{D2}=\frac{24}{1.159}+\frac{3}{\sqrt{1.159}}+0.34=23.83$$

$$v_{t2}=\sqrt{1.592\,C_D^{-1}}=\sqrt{\frac{1.592}{23.83}}=0.258\,\mathrm{cm/s}$$

$$\mathrm{Re}_3=\frac{0.258\times 0.06}{0.0131}=1.182$$

$$C_{D3}=\frac{24}{1.182}+\frac{3}{\sqrt{1.182}}+0.34=23.40$$

$$v_{t3}=\sqrt{1.592\,C_D^{-1}}=\sqrt{\frac{1.592}{23.40}}=0.261\,\mathrm{cm/s}$$

同様に $v_{t4}=0.262$, $v_{t5}=0.26271$, $v_{t6}=0.26297$ となり, $(v_{t6}-v_{t5})/v_{t6}<10^{-3}$ なので, 収束したと考えてよい。

よって，粒子の沈降速度は 0.263 cm/s である。

② ① の粒子が，有効水深 3.3 m を沈降する時間は

$$\frac{330 \text{ cm}}{0.263 \text{ cm/s}} = 1\,250 \text{ s}$$

流速は 40 cm/min であり，粒子を沈降分離するのに要する沈殿地の長さは

$$1\,250 \text{ s} \div 60 \times 40 \text{ cm/min} = 836 \text{ cm} = 8.4 \text{ m}$$

となる。理論上は，長さが 9 m あれば当該粒子の分離は可能となる。　◇

〔**4**〕**急速ろ過**　薬品沈殿池で分離された上澄水には，まだ，極微細粒子や凝集剤の水酸化物（ポリマー）が存在するので，フロックを比較的粗い砂ろ過層（70～90 cm 厚さ）で，120～150 m/day のろ過速度で抑留除去する。微細粒子は，ろ材表面に沈殿付着したり，機械的ふるい分け作用により分離されたりして清澄な処理水が作られる。表 **2.10** に急速ろ過池の諸元を示す。余剰の水酸化物ポリマーは砂ろ過の閉塞を進め，悪影響を与えることが知られ

表 **2.10**　急速ろ過池の諸元

項　目	諸元および概要
ろ過速度〔m/day〕	120～150 m/day
ろ過地面積〔m²〕	150 m² が限度
ろ層の深さ〔cm〕	70～90 cm
使用砂の指定	有効系 0.45～0.7 mm，均等係数 1.70 以下 最大径 2.0 mm，最小径 0.3 mm
ろ層における砂の径の分布	成層化する（表層・細　→　下層・粗）
下部集水装置	ホイラー形，有効ブロック形，ストレーナ形，有効管形，有効板形
許容損失水頭〔m〕	2.5 m
ろ過継続時間	24 時間程度
濁質進入深さ	深層にまで進入する
ろ層洗浄方法	逆流洗浄法を主とし，表面洗浄法または空気洗浄法を併用して洗浄する。
洗浄水量〔%〕	ろ過水の 4～6 %程度
前処理および補足的処理	凝集沈殿が一般的である。塩素滅菌のほか活性炭処理を採用することもある
建設費	緩速ろ過池より安い
維持管理費	比較的高い
原価償却	速い

ている。

　次に，急速ろ過の機構とろ過抵抗，ろ層の洗浄について以下に説明する。

　1）ろ過の機構　　ろ過機構には，沈殿，機械的さえぎり，慣性移動，流体力学的移動，拡散などの輸送と粒子とろ材または抑留粒子表面との種々の物理的，化学的な作用が関係した付着の2つの機構が存在している。物理的化学的作用としては，ろ材と粒子のゼータ電位が重要な指標として位置づけられている。

　2）ろ過抵抗　　急速ろ過池の**損失水頭**（head loss）は，抑留された濁質量とともに大きくなり，ろ過工程の終了を決めるうえで重要な指標である。損失水頭はろ過の経過とともに上昇し，ろ層内部で負圧を生じる場合がある。わずかな負圧では支障はないが，その許容最大損失水頭は2m程度であり，設定値付近に達した後，ろ層の洗浄を行う。図2.9に急速ろ過のろ層と水圧，損失水頭の概念図を示す。

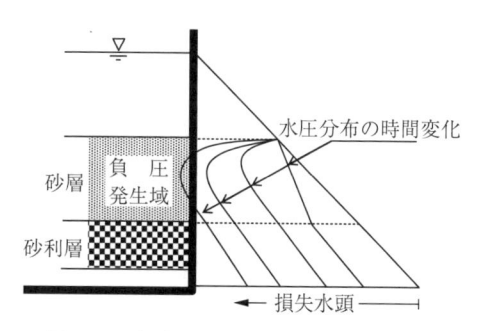

図2.9　急速ろ過のろ層と水圧，損失水頭

　3）ろ層の洗浄　　洗浄には，逆流洗浄，表層洗浄および空気洗浄があり，ろ材表面に抑留されていた濁質を剝離除去する役目をもっている。これらの洗浄では，抑留粒子の流水によるろ材表面からの剝離とろ材どうしのこすれや振動によってろ層が洗浄されることになる。

2.5.5　塩素消毒

　ろ過水は，水中の細菌やウイルスを完全に除去し衛生上の安全を確保するため，塩素（塩素ガス），次亜塩素酸ソーダによって消毒される。塩素注入率は，遊離残留塩素で0.1 mg/l 以上に定められている。ただし，断水後では0.2 mg/l 以上としている。

　水道法では，塩素添加が義務づけられているが，その他の消毒法としてオゾ

ン，紫外線，二酸化塩素などの方法も研究開発されている。塩素は常圧で黄緑色の気体であり，そのほかに次亜塩素酸ソーダがあり，これらは水に容易に解けて次亜塩素酸（HOCl）が生じる。

次亜塩素酸の一部は次亜塩素酸イオン OCl^- として次式のように解離する。

$$Cl_2 + H_2O \longrightarrow HOCl + H^+ + Cl^-$$

$$HOCl \longrightarrow H^+ + OCl^-$$

殺菌力を有するのは，HOCl，OCl^- であり，遊離塩素と呼ばれる。HOClは殺菌力が強く，OCl^- はその1/80程度と劣る。浄水のpHが高くなるほど OCl^- の割合が高くなるので，その殺菌力は低下する。原水の種類によって，塩素を加えた場合の残留塩素の挙動が変化を示すことを**図 2.10**に示す。

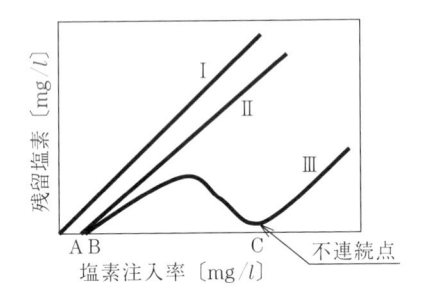

図 2.10 塩素を加えた場合の残留塩素の挙動

Ⅰ：塩素を消費する物質をまったく含まず，注入した塩素がそのまま残留塩素となる。

Ⅱ：有機性物質，還元性無機物質等の塩素を消費する物質を含む場合で，点Aで初めて残留塩素が出てくる。点Aを塩素要求量という。

Ⅲ：アンモニアを含む場合で，点B以降クロラミン類（結合塩素）が生成する。さらに塩素を加えると次式の反応でクロラミン類が減少し，点Cを通って残留塩素が出てくる。

$$NH_2Cl + NHCl_2 \longrightarrow N_2 + 3HCl$$

$$2NH_2Cl + Cl_2 \longrightarrow N_2 + 4HCl$$

点Cを不連続点（break point）といい，点Cを越えて塩素を注入する方法を不連続点塩素消毒法（break point chlorination）という。結合塩素（クロラミン類）で殺菌力の強い順は $NH_2Cl > NHCl_2 > NCl_3$ であり，モノクロラミンが最も殺菌力が強いが遊離塩素に比べると，著しく殺菌力は弱い。

2.5 浄水施設

塩素消毒のほかにオゾン殺菌，紫外線殺菌などがあるが，残留効果の点で欠点があるので，現在日本の上水道ではほとんど用いられていない。今後上水道以外においても利用の可能性があると考えられ，さらなる研究が期待される。

下水処理水や湿地帯（泥炭地）などの自然水を塩素処理すると，水中のフミン質が塩素と反応し，トリハロメタン（trihalometane THM）が生成される。THMの生成要因となるフミン酸やフルボ酸などを，THM前駆物質（THM precursor）という。

THMは，炭化水素であるメタン（CH_4）の水素の3個がCl（塩素），I（ヨウ素），Br（臭素）などのハロゲン原子で置換されたもので，水道水中に出現するものにクロロホルム（$CHCl_3$）があり，その他ブロモジクロロメタン（$CHBrCl_2$），ジブロモクロロメタン（$CHBr_2Cl$）があり，ブロモホルム（$CHBr_3$）などがある。

$CHCl_3$は発がん性が疑われており，他のTHMも人体に害を及ぼすものとして，上に挙げた4種の化合物の総計を総THM量〔mg/l〕と定義している。水道水中のTHM濃度の削減として，THM前駆物質をオゾン酸化，活性炭吸着などによって除去する方法がある。また，生成したTHMをエアレーション，活性炭吸着によって除去したり，消毒に塩素を用いず，二酸化塩素，オゾン，紫外線などを用いたりする方法も考えられる。家庭においては，水道水を煮沸することによってTHMを除去することが可能である。

2.5.6 特殊浄水処理

流域下水道（**3.1.2**項）でない下流の都市においては，河川水に上流で下水処理水が混入する場合がある。これらの原水で問題となる異臭味や着色成分を除去する方法として，オゾン酸化した後に生物活性炭ろ過が施される（図**2.11**）。このような処理は，高度処理あるいは特殊処理と呼ばれ，その対象物

図2.11 オゾン発生装置（東京都金町浄水場）

表2.11 対象物質と特殊浄水処理法

対象物質	特殊浄水処理法
鉄	エアレーション・凝集沈殿ろ過，鉄バクテリア法，接触酸化法，電解法，塩素酸化
マンガン	エアレーション，塩素酸化，過マンガン酸カリウム酸化，塩素と過マンガン酸カリウム併用法，マンガン砂接触ろ過法，マンガンゼオライト，イオン交換法，鉄バクテリア法，オゾン酸化，二段ろ過法
プランクトン藻類	水源地での薬剤散布処理（硫酸銅），二段ろ過法，マイクロストレーナ，ろ布
原虫類（クリプトスポリジウム）	適正な凝集沈殿処理，限外ろ過膜によるろ過処理
異臭味	発生生物の除去（駆除），緩速砂ろ過，エアレーション，塩素処理，オゾン処理，二酸化塩素処理，活性炭処理，生物活性炭処理
着色成分	凝集沈殿処理，オゾン酸化処理，生物活性炭処理，活性炭処理
硬水軟化（Ca，Mg など）	石灰ソーダ法，ゼオライト法

〔海老江邦雄・芦立徳厚：衛生工学演習（上水道と下水道），表5.24，森北出版（1992）をもとに作成〕

質を表2.11に示す。

2.5.7 膜ろ過処理

現在，浄水処理において，塩素消毒に耐性のあるウイルス（約 $0.5\,\mu m$）や原虫類（クリプトスポリジウム，$4\sim6\,\mu m$）を分離する目的で，最新技術の膜ろ過方式が採用され，$0.01\,\mu m$ までの異質物を処理することが可能となっている。クリプトスポリジウムのオーシストは，大腸菌（$2\,\mu m$）の24万倍の塩素抵抗性をもっているので，膜分離処理は有効な浄水処理となっている。膜ろ過処理では，凝集沈殿処理（急速ろ過など）や異臭味除去（粉末活性炭処理），マンガン，鉄除去などの特殊処理などと組み合わせて，より上質の水を供給できるよう配慮されつつある。

〔1〕 膜の種類　膜処理施設は，その用途によって表2.12に示す膜を用いている。

水道施設において，MF膜，UF膜のどちらを用いても現状の水道水質基準を満足することは可能であるが，分離能力の点や将来的な要求水質を考えた場

表2.12 膜の種類と用途

	MF膜	UF膜	NF膜	RO膜
孔径(分画分子量)	0.01〜0.4 μm	(10 000〜300 000)	(最大で数百程度)	(数十〜数百程度)
主な用途	水道施設・下水道施設(膜分離活性汚泥法)	水道施設・浄水プロセス	軟水化・食品分野・浄水プロセス	軟水化,海水淡水化
除去対象	粒子	高分子分子	分子	分子

MF膜 (Micro Filtration:精密ろ過膜),UF膜 (Ultra Filtration:限外ろ過膜),
NF膜 (Nano Filtration:ナノろ過膜),RO膜 (Reverse Oamosis:逆浸透膜)

合,UF膜によって処理したほうがよいと考えられている。

〔2〕 形状・材質と通水・ろ過方式

1) 膜形状　平膜,チューブラー,中空糸があるが,洗浄性や単位面積当りの膜面積を考えた場合,中空糸の評価が高く実績も多い。

2) 膜モジュール　膜モジュールには,ケーシング収納型(図2.12)と槽浸漬型があり,取扱いの点と外部からの影響を受けないという点からケーシング収納型の実績が多い。

3) 膜材質　膜材質は,膜の強度・膜の目詰まりや実績から,有機膜が有利であり,洗浄性から考えると親水性である酢酸セルロース系が有効であると考えられる。

4) 通水方式　内圧式と外圧式があり,内圧式は原水が膜モジュール内側を流れ,外圧式は膜モジュール外側を原水が流れる方式である。ろ過性能の観点から原水が膜モジュール内で均一に流入する内圧式が有効であると考えられる。

5) ろ過方式　全量ろ過とクロスフローろ過があるが,全量ろ過は必要面積が大きくなり,エア洗浄のための付帯設備が増えてしまい好ましくない。クロスフローろ過は水逆洗だけで効率良く洗浄できるので有効であると考えられる。UF膜において操作圧力は,通常減圧状態から300 kPa以下で運転される。

44　　2. 上　水　道

図 2.12　内圧式 UF 膜ろ過装置 　　　　図 2.13　外圧式 MF 膜ろ過装置

浄水場で使用されている内圧式 UF 膜ろ過装置（図 2.12）と外圧式 MF 膜ろ過装置（図 2.13）を示す。

コーヒーブレイク

クリプトスポリジウム

　クリプトスポリジウムは，胞子虫類に属する病原性の原虫の1つで，糞便汚染を通して水系に広まり水源を汚染する。特に，上水道の水源として利用された場合，集団感染が発生し下痢・腹痛・倦怠感・食欲低下・悪心等の症状を呈し，1～2週間程度で免疫ができ自然治癒する。

　発生事例としては，1993年アメリカ・ミルウォーキーで水道水に混入し40万人が集団感染し400人が死亡，1994年神奈川県平塚市の雑居ビルの貯水槽が汚染され460人が感染，1996年埼玉県越生町の水道水に混入し8 800人（人口の7割）が感染した例が挙げられる。これらのクリプトスポリジウムのオーシスト（胞子）が環境中に排出され，人に感染するものであるが，これらを除去する浄水処理法としては，適切な凝集沈殿ろ過を行うことと，膜ろ過法によって処理する方法などがある。

　図にクリプトスポリジウムの顕微鏡写真を示す。○の中の球形の粒子がクリプトスポリジウムである。

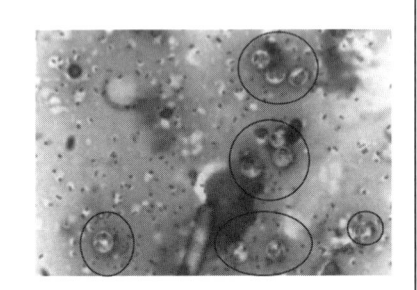

図　クリプトスポリジウムの顕微鏡写真

2.6 配水施設

　配水施設は，配水池あるいは配水塔や高架水槽と配水管網から構成される。配水池は浄水施設の後に設置されており，浄水場から一定に供給される水量を貯留して，家庭・事業所などの水需要変動を吸収する貯水施設である。配水管は，都市の公道下に敷設されており，複数の経路で給水できるよう網目状に配管され，圧力管であることが原則である。

2.6.1 計画配水量

　計画配水量は，平常時には時間最大給水量，火災時には計画1日最大給水量の1時間当り水量と消火用水量とを合計したものである。
　平常時の計画時間最大給水量は次式によって計算される。

$$q = K \times \left(\frac{Q}{24}\right)$$

ここで，q：計画時間最大給水量〔m³/h〕，Q：計画1日最大給水量〔m³/日〕，K：時間係数である。時間係数は，一般に1日最大給水量が多いほど小さくなる傾向がある。

2.6.2 配水方式

　配水方式として以下に示す2つの方式がある。
　1) 自然流下式　　高所に配水池を設け，その高低差の直圧で給水する方式で，給水の安全性および経済性の点で有利であるが，水圧調整が困難であるため断水措置に時間がかかるなどの短所がある。
　2) ポンプ加圧式　　ポンプで加圧（水圧をかける）することによって配水する方法で，給水区域内に高所がない場合に採用されている。停電や故障による断水など安全性のうえで劣るが，地震時の断水措置や断水事故に対してすばやく対応できるなどの長所がある。

2.6.3 配水管

配水管は，配水本管（幹線）と直接給水管を取り付けている配水支管からなり，網目状に配置されている。管網の水理計算手法として，ハーディクロス法および数値計算法を用いたコンピュータ処理によるのが一般的である。

配水管の付帯設備として制水弁，空気弁，消火栓，減圧弁，安全弁，流量計，水圧計，排水設備，入孔伸縮管などが配置されており，維持管理を容易にすることが考えられている。

配水管の材質的種類として，鋳鉄管，ダクタイル鋳鉄管，鋼管，硬質塩化ビニル管等が使用されている。表 2.13 に配水管に使用される管種の特徴を示す。

表 2.13　配水管に使用される管種の特徴

材質別	長　所	短　所
鋳鉄管 （内面モルタルライニング）	① 強度が比較的大であり，耐食性がある。 ② 切断しやすい。 ③ メカニカル継手は可とう・伸縮性があり施工が容易である。	① 衝撃に弱い。 ② 重量が重い。 ③ 継手の脱出に対し，異形管防護等を必要とする。 ④ 土壌が特に腐食性の場合は，外面防食，継手防食を必要とする。
ダクタイル鋳鉄管 （内面モルタルライニング）	① 強度が大であり，耐食性がある。 ② 強靱性に富み，衝撃に強い。 ③ メカニカル継手は可とう・伸縮性がある。 ④ 施工性がよい。 ⑤ 継手の種類が多く，UF，KF形は離脱防止機能を持つ。	① 重量が比較の重い。 ② 継手の脱出に対し，異形管防護等を必要とする。 ③ 土壌が特に腐食性の場合は，外面防食，継手防食を必要とする。 ④ 管内からの補修が困難である。（大口径管の場合）
鋼　管 （塗覆装鋼管）	① 強度が大である（引張り・曲げ）。 ② 強靱性に富み，衝撃に強い。 ③ 溶接継手により一体化でき，継手脱出対策が不要である。 ④ 重量が比較的の軽い。 ⑤ 加工性がよい。	① 温度伸縮継手，可とう継手の考慮が必要な場合がある。 ② 電食に対する配慮が必要である。 ③ 継手の溶接・塗装に時間がかかり，湧水地盤での施工が困難である。 ④ たわみが大きい（大口径管の場合）
硬質塩化ビニール管	① 耐食性，耐電食性に優れている。 ② 重量が軽く，施工性がよい。 ③ 融着（接着）が可能である。 ④ 内面粗度が変化しない。 ⑤ 価格が安い。	① 低温時に耐衝撃性が低下する。 ② 有機溶剤，熱，紫外線に弱い。 ③ 接着剤の引火に注意が必要である。 ④ 温度伸縮，可とう継手が必要である。

〔末石富太郎：衛生工学，p.117，鹿島出版会（1987）をもとに作成〕

最大動水圧は最高 4.0 kg/cm² 程度で，最小動水圧は 2 階建て家屋への直接給水ができるよう 1.5〜2.0 kg/cm² を標準としている。

2.6.4 配水池・配水塔・高架タンク

配水池の容量の決定には，水需要の時間変動曲線から不足量を計算する面積法や累加曲線法などがある。標準的な，有効容量は 8〜12 時間であり，消火用水量が配水池に加算される。

高架タンクの例（函館市：現在使用されていない）を図 2.14 に示す。配水塔と高架タンクの有効容量は，配水池に準じ，小規模水道の場合は，時間最大給水量の 30 分間分を標準としている。

図 2.14 高架タンクの例

例題 2.3 計画給水人口 120 000 人，1 人 1 日最大給水量 380 l の水道の設計計画にあたり，表 2.14 に示すような時間変化をする都市配水量をもとに配水池容量を決定することにする。面積法で計算せよ。

表 2.14 配水量の時間変化

時刻	配水量比率	時刻	配水量比率
0	0.20	13	1.38
1	0.27	14	1.24
2	0.19	15	1.08
3	0.14	16	1.16
4	0.12	17	1.28
5	0.35	18	1.35
6	1.00	19	1.62
7	1.26	20	1.34
8	1.46	21	1.00
9	1.70	22	0.60
10	1.85	23	0.33
11	1.65	24	0.20
12	1.43		

48　2. 上　水　道

【解答】　表 2.14 の値を横軸に時刻，縦軸に配水量比率をとってデータをプロットする。配水量比率 1.0 は時間平均配水量であるから，配水量比率 1.0 の線より上の折れ線に囲まれた面積に相当する水量が超過するので，その分の水量を配水池で貯水するとよい（図 2.15）。配水量比率 1.0 以下の面積は 24 であるのに対し，配水量比率 1.0 より上の部分の面積は 5.80 となる。よって，これに相当する容量である 5.80 時間分が配水池として必要となる。

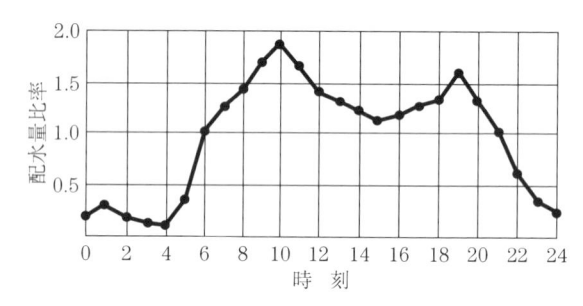

図 2.15　配水量の時間変化曲線

計画 1 日最大給水量 = 120 000 人 × 0.38 m^3/(人・日) = 45 600 m^3/日
よって，必要な配水池容量は 5.80 × 45 600/24 = 11 020 m^3 となる。　　　　◇

2.7　給　水　装　置

　給水装置に関しては，水道利用者が工事負担をする。給水装置は，配水管から分岐する給水管と，これにつながる各種給水用具からなる。代表的な給水装置の模式図を図 2.16 に示す。
　ビル，高層アパートなどでは屋上の受水タンクに貯留するが，その場合は直結させボールタップ等を用いて落込み式とする。給水管として用いられている主なものは，鉛管，細管硬質ビニール管，亜鉛めっき銅管，硬質塩化ビニルライニング銅管などである。

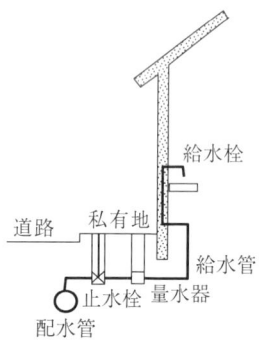

図 2.16　給水装置の模式図

大型建物への給水管として，ダクタイル鋳鉄管，モルタルライニング鋼管が用いられる場合がある。

2.8 上水道における維持管理

2.8.1 水源の維持管理（水源保護）

現在の水道水源は，一部の清澄な山間部の河川や深井戸を除き，都市化や工業化の影響下にあり，下水処理水や工場排水，さらに水源涵養林の荒廃，近代農業化（肥料・農薬の使用），ゴルフ場，畜産業，廃棄物処理場からのノンポイント汚染により，水質劣化が懸念される。

例として，山間部の貧栄養湖とされているダム湖においてさえ，渦鞭毛藻類による淡水赤潮が発生し，河床は硝酸性窒素やリン酸塩によって藍藻類・緑藻類が繁茂し，植物性プランクトンまでが発生する様相を呈している。ウイルスや原虫類など細菌学的な汚染においても，人為的なものであるといえる。水質環境保全として環境基準がレベルによって規定されているが，環境容量の概念をもとにしてその水環境の自浄作用を見込むことは，果たして良いことであろうか？　自浄作用は，自然界における分散型下水処理といっても過言ではなく，礫間浄化処理などの人工的浄化を進めることは，下水道が整備されるまでの消極的な水源の保全策であるといわざるをえない。

積極的には，汚水の汚染制御をすることによって排水の時点で，水環境の希釈効果を考えず，清澄な水を排出するかクローズドシステムとして水循環利用をして系外には出さないことである。理想論であるが，あくまでも水循環のことを踏まえ，より清澄な水源から水道水源を確保するために，人々が水道水の対価として料金を払えばそれですむという考えを改め，自然環境・水環境を考えるような心をもち，節水などの行動を薦めていくようにならなければならず，そのうえで，水道事業者，水道技術者および研究者が技術の向上を目指さなければならない。

2.8.2 浄水管理

　浄水場における沈殿・ろ過・殺菌や特殊処理の各プロセスの浄水は，専門家が水質検査を行い，それをもとに浄水管理を行う。急速ろ過方式では，常にジャーテストを行い適切なアルカリ量と凝集剤添加量を把握し濁度制御を薬品注入制御システムによって行っている。急速ろ過における逆洗の管理なども行われる。

2.8.3 導水・送水・配水・給水の管理

　導水・送水・配水・給水においては，漏水および断水に伴う汚染水の浸入が問題となるほか，修繕および掃除が主な維持管理となる。

　1）開水路　　開水路は，汚泥や藻類などの生物の繁茂がひどくなり，容量の減少，長く放置すれば水質の悪化を招くことがある。開水路は，年に1～2回定期的に掃除することが望ましい。

　2）管水路　　掃除を励行して流量の減少を防ぐことが必要となる。管路の場合には，腐食等による漏水があるので漏水等の調査も必要となる。漏水調査では，地下の目に見えないわずかな水漏れを発見するために，音聴棒，漏水探知機という特殊な器具を用いて地中を流れる水の音を聞き分けることによって判断する。

　3）配水池　　配水は需要の変動に応じて配水コントロールシステム，配水制御システム等のコンピュータ制御によって最適な配水の供給を行う。

2.8.4 管の腐食

　腐食の被害は鉄管を主とする金属管に限られ，鋳鉄管・鋼管・亜鉛鍍鋼管・鉛管・銅管などに主に生じる。また，鉄筋コンクリートの鉄筋にも生じる。腐食には，湿気または水，空気または酸素の2つの因子が作用する。これらの因子があれば，腐食は管の内外面ともに生じる可能性をもっている。腐食には以下に示す3つが挙げられる。

　1）自己腐食　　最も普通の腐食であり，すべての金属がわずかでも水溶

性であることに起因する。金属のイオン化傾向に依存し，（水素（H）と酸素（O）の関連において）酸化還元反応によりイオン化が継続し，鉄の場合，鉄イオンはそのままで存在せず，OHまたはOと化合して水酸化物を作り鉄のさびとなる。

2）電流腐食 接触腐食ともいい，2種類の金属がともに水中にあるときに生じる。この作用は蓄電池の作用に似ており，鉄管においては，鉄と各種金属の付属設備，鉄と金属の不純物などの接触で，塗装の不備と埋戻しの不良などが助長の原因となる。

3）電解腐食 電食といわれ，外部から鉄管壁内部に侵入した電流が湿地や抵抗の少ないところで外に逃げるときに生じる。電流腐食と異なる点は，単線架空式電気鉄道（電車）等からの外部から電流が及ぶことと，電流の逃げる場所で腐食が生じることである。

4）対策
- 金属の保護として塩化ビニルライニングや亜鉛・コールタール・アスファルトの塗装があり，セメント・モルタルなどによるライニングなどもある。
- 水の酸性または水素イオン濃度を減じる。
- 電食防止：漏洩電流の軽減方法と埋設金属管側における防止がある。

演 習 問 題

【1】 あなたの町の上水道が，どのような水源を用い，どのように取水され，どのように導水され，どのように浄水処理され配水（送水配水）給水されているかを具体的に調べなさい。

【2】 人口推定の曲線式に関する問題
 （1）理論曲線式 $y=K/(1+e^{a-bx})$ において，K が既知の場合，理論曲線を線形の最小二乗法によって係数 a, b を求めるために，直線式 $Y=AX+B$ に変換することを行う。この場合の Y, X, A, B, を y, x, a, b, K を用いて表しなさい。
 （2）人口推定式 $y=y_0+Ax^a$ を線形の最小二乗法によって係数 a, A を求めるために，この曲線式を $Y=CX+D$ の形に変換することを行う。

ここで，Y, X, C, D を y, y_0, x, a, A で表しなさい。

【3】 コンクリートの長方形水路（幅 2.0 m，深さ 2.0 m）において，水路の有効水深 1.5 m の場合，ガンギレー・クッター公式，マニング公式を用いて，平均流速と流量を求めなさい。ただし，水面勾配 1/1 000，粗度係数 0.013 とする。

【4】 フロック粒子を球形（直径 0.4 mm，密度 1.04 g/cm³）と仮定して，ニュートン式とラウズの式を用いて，水温 20°Cにおける沈降速度を求めなさい。ただし，水温 20°Cにおける水の密度は 0.998 2 g/cm³，動粘性係数は 0.010 1 cm²/s である。

【5】 急速ろ過処理法の凝集とフロック形成において，急速かくはんと緩速かくはんの意味を調べ，かくはん時間の長短についての影響をイメージして凝集とフロック形成について論じなさい。また，かくはん強度との関連についても調べなさい（$G \cdot T$ 値の意味を調べなさい）。

【6】 計画給水人口 130 000 人，1 人 1 日最大給水量 350 *l* の水道の設計計画にあたり，**表 2.15** に示すような時間変化をする類似の都市配水量をもとに配水池容量を決定することにする。面積法で計算せよ。

表 2.15 配水量の時間変化

時刻	配水量比率	時刻	配水量比率
0	0.32	13	1.27
1	0.34	14	1.25
2	0.19	15	1.15
3	0.18	16	1.18
4	0.21	17	1.46
5	0.29	18	1.35
6	1.00	19	1.51
7	1.40	20	1.27
8	1.62	21	1.00
9	1.78	22	0.48
10	1.60	23	0.29
11	1.56	24	0.32
12	1.30		

3

下 水 道

　2章の上水道とともに，下水道は都市の機能の重要な部分を担っている。生活用水，工業用水など市民生活を支える水は汚濁されるが，再び清浄な水として公共用水域へ戻す必要がある。また，都市の雨水はすみやかに排除されなければ，市民生活に支障をきたす。本章では，安全・安心で衛生的な都市を実現するための下水道計画，下水管渠の敷設，下水処理施設，汚泥処理，維持管理等について学習する。

3.1 下水道の目的と種類

3.1.1 下水道の目的と役割
下水道の主な目的と役割として，以下に示す2つが挙げられる。
- 家庭，工場，商業地から排出される汚水を下水管渠によって隔離排出し，終末処理場で浄化することによって，その地域周辺の水環境の水質汚濁防止に寄与すること。
- 市街地に降った雨水を円滑に排除し，浸水の防止に寄与すること。

さらに，下水道事業を行うことによって，地域の環境および住民の生活改善に多大の効果を与えることになる。その事業効果を以下に示す。
- 汚水による水系伝染病の予防
- 低地浸水の防止によって地域の安全性の向上
- し尿の不衛生処分によるトラブル解消
- 公共水の水質改善（用水としての価値増進，水棲動植物の保護，自然環境保全）

54　3. 下 水 道

- 環境衛生の改善による土地価値の向上
- 資源回収としての処理水再利用，汚泥の資源化（新幹線の洗車用水，栽培用水，メタンガス発生，水素ガス発生，肥料，建設骨材，園芸骨材等）

3.1.2 下水道の種類

下水道の種類を，**表 3.1** に示す。

表 3.1 下水道の種類

1）公共下水道	（a） 公共下水道 　　市街地の下水を排除 → 処理場 　　排水施設の相当部分が暗渠 　　地方公共団体の管理	
	（b） 特定公共下水道 　　工場や事業場から排出される汚水を排除処理する下水道 　　費用の一部は事業者負担	
	（c） 特定環境保全公共下水道 　　1） 自然保護下水道 　　　　天然の湖沼，人工湖を守るために整備される下水道 　　2） 農村下水道 　　　　農村の生活環境整備のため	
2）流域下水道	2以上の市町村区域における下水を排除処理する下水道 一般には都道府県が建設管理	
3）都市下水路	雨水排除が目的で開渠が原則 （内のり径 50 cm 以上，集水面積が 10 ha 以上 200 ha 未満）	

3.2 下 水 道 計 画

3.2.1 基 礎 調 査

下水道計画の目標年次は，おおむね20年後としているのが一般的である。計画を立てるにあたって，重要な計画要素となる項目や諸量を調査しなければならない。その基礎項目を以下に列挙する。

- 対象区域の人口
- 人の昼間・夜間の動態
- 人口密度

・市街化区域・同調整区域の指定状況と用途地域制実施状況
・工場・事業場の立地状態と将来配置
・畜産業・農業・鉱業等の現況と将来
・水道などの用水給水実績と水質
・生活・生産に関わる BOD，浮遊物質量などの各種汚濁指標の原単位数値
・流達率（下水管渠に流入するまでの汚水成分の残存率）
・雨水や汚水の排除計画策定のための地表勾配，工種，道路や街路網の現況と将来計画
・水路と連絡河川，海域の現況とそれらの水位・流量・水質および適用環境基準等
・工事実施に関係の深い計画地域の土質，地下埋設物，地下水位

3.2.2 下水の排除システム

下水の排除システムには大きく分けて**合流式下水道**（combined sewer）と**分流式下水道**（separate sewer）があり，前者は雨水と汚水を合流させて排除する形式で後者は分離させ2系統で排除する形式である。分流式下水道には，汚水分流式と完全分流式がある。

合流式と分流式で汚水・雨水排除の管渠の配置に相違があるが，基本的には**図 3.1** に示した配置に分けられる。

合流式と分流式の下水道には，それぞれ一長一短がありその長所と短所をまとめたものが**表 3.2** である。

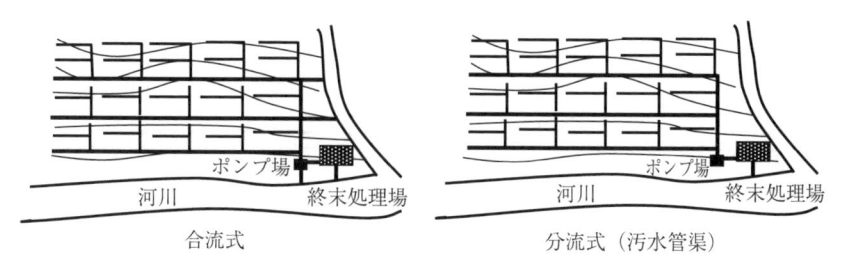

図 3.1 汚水・雨水排除の管渠の配置

表 3.2 合流式と分流式の下水道の長所と短所

		合 流 式	分 流 式
系 統		汚水雨水共用管一系統	汚水管,雨水管(側溝)二系統
晴天時	汚水	共用管—処理場	汚水管—処理場
雨天時	汚水	汚水+雨水の一部—処理場	汚水管—処理場
	雨水	汚水+雨水の一部—河海放流	雨水管—河海放流
建設面	管渠計画	雨水をすみやかに排除するため地形に順応しなければならない。	
	施工	容易	複雑(特に交差点付近)汚水管に雨水が流入しないよう細心の注意を要する。
	特殊工法の採用	大口径区間が多いので推進工法,シールド工法等の採用容易	採用困難
	建設費用	小	大
維持管理	誤設	ない	危険性があるので要監視
	管内体積	晴天時汚物が沈殿しやすい。しかし,雨天時にフラッシュされるので管内掃除の頻度小となることもある。	管内体積は少ないが,フラッシュ効果は期待できない。
	土砂の流入	雨天時に処理場に多量の土砂が流入し長年の間に沈殿池,消化槽等に堆積。	汚水管への雨水の流入はある程度避けられないが,土砂の流入は少ない。
	管渠内の保守	閉塞の心配なし。検査修理比較的容易(清掃の手間がかかる)	汚水管は小口径のため閉塞の恐れあり(清掃は比較的容易)
	有毒ガスの換気	有利	不利
	下水処理上	流入水濃度の変動大きく不利	変動小さく有利
水質保全面	雨天時の越流	一定量以上になると未処理下水の混入した雨天時下水が河海に放流される。その汚染度は晴天時に管内に堆積したものが洗い出されてくるのできわめて高い。	なし(ただし,汚水雨水系統の分離が不十分だと汚水管を通じて雨水が処理場に流入し処理能力をこえて一部放流しなければならなくなることがある。)
	降雨初期の路面洗浄汚水	雨量が少ないか多くても雨水滞水池を設ければ降雨初期の汚染した雨水を処理できる。	路面洗浄汚水が直接河海に放流される。

3.2.3 終末処理場とその条件

終末処理場の位置の諸条件を示す。

- 排除系統の流末に近く，管渠からの下水が自然流下で流入して洪水・地盤災害などに対し安全な場所。
- 周辺環境に十分注意し，臭気などの公害や，市民生活上，土地利用上著しい影響を与えるような場所は避ける。
- 放流先の公共水域が，その処理計画による汚水を受水して，差し支えのない場所（重要な利水地点の上流はなるべく避ける）

大都市の処理場は市街地に存在することが多く，地下施設として地上を公園化するとともに，処理水をさらに高度処理することによって景観水として利用するなど，地域住民との違和感を少なくすることが配慮されつつある。

3.2.4 下水量の算定（計画下水量）

計画下水量（design flow rate）は，晴天時と雨天時に分けて推算し，合流式と分流式では以下のようになる。

合流式：晴天時下水量――家庭下水・工場排水・地下水

雨天時下水量――雨水量＋晴天時下水量

分流式：晴天時下水量――汚水管渠：家庭下水・工場排水・地下水

雨天時下水量――｛汚水管渠：家庭下水・工場排水・地下水

雨水管渠：雨水量

〔**1**〕 **晴天時下水量** 1人1日最大汚水量は，基礎家庭汚水量と営業汚水量を足したものである。1人1日最大汚水量は1人1日最大給水量（上水道）が基礎であり，生活水準が向上するとともに大きな値をとってきた。

例題 3.1 基礎家庭汚水量を $300\,l$ として，また，用途地域別の営業用水率と定住人口を**表 3.3**に示した場合の，1人1日最大汚水量と日最大汚水量を算出しなさい。

表 3.3 営業用水率と定住人口

用途地域	営業用水率	定住人口（千人）
商　業	0.6～0.8	50
住　居	0.3	210
準工業	0.5	30
工　業	0.2	10

【解答】 まとめて表 3.4 に示す。

表 3.4

用途地域	営業用水率 A	基礎家庭汚水量 B〔l〕	営業汚水量 $C=A\times B$〔l〕	1人1日最大汚水量 $D=B+C$〔l/(人・日)〕	定住人口 E〔千人〕	日最大汚水量 $D\times E$〔m^3/日〕
商 業	0.8	300	240	540	50	27 000
住 居	0.3	300	90	390	210	81 900
準工業	0.5	300	150	450	30	13 500
工 業	0.2	300	60	360	10	3 600
合 計					300	126 000

◇

〔2〕 **工場排水量** 用水は地下水,工業用水であるが,排水は下水道を用いる場合があるので,計画下水量に考慮しなければならない。工場排水は有害物質(生物学的に)が含まれているので水質について事前のチェックが必要である。

〔3〕 **浸入地下水** 日最大汚水量の 10〜20 % を見込むのが一般的である。

〔4〕 **計画汚水量** 計画汚水量には,計画1日最大汚水量,計画1日平均汚水量,計画時間最大汚水量がある。その計算方法と用途を表 3.5 に示す。

表 3.5 計画汚水量の計算方法と用途

	計 算 方 法	用 途
A:計画1日最大汚水量 (1年で最も多い日の汚水量)	1人1日最大汚水量×計画人口 ＋工場排水＋地下水量	処理施設の設計
B:計画1日平均汚水量	$A\times 0.7$〜0.8 　　中小都市 0.7,大都市 0.8	下水道経営
C:計画時間最大汚水量	$(A/24)\times 1.3$〜1.5 団地のような場合2を越えることあり	管渠およびポンプ場の容量決定

3.2.5 雨 水 量

〔1〕 **合 理 式** 下水管渠を設計する場合の雨水流出量 Q を計算する式として,合理式が用いられる。合理式の内容を以下に示す。

$$Q=平均降雨強度\ I\ 〔\text{mm/h}〕\times 排水面積\ A\ 〔\text{ha}〕$$

$$= \frac{10^{-3}}{60 \times 60} \times 10^4 \, IA = \frac{1}{360} IA \; [\text{m}^3/\text{s}]$$

実際は，流出係数 C（0～1.0）を乗じることによって合理式が得られる。

$$Q = \frac{1}{360} CIA \; [\text{m}^3/\text{s}] \tag{3.1}$$

〔2〕 **降雨強度と継続時間**　一般的に降雨強度の大きい雨は継続時間が短く，降雨強度の小さい雨は継続時間が長いことが知られている。

　　降雨強度（大）　⟶　継続時間（短）
　　降雨強度（小）　⟶　継続時間（長）

下水管渠に流入する雨水量の算定のためにいかなる頻度（再現期間）の降雨強度—継続時間の関係式（降雨強度のパラメータ）を決定するかが，下水管渠の設計に影響を与える。一般的には 10 年に 1 回かそれ以上の再現期間をとるようにしている。

〔3〕 **降雨強度公式**　降雨強度公式の概略の曲線形を図 3.2 に示す。前述したように継続時間 t が短いと降雨強度 I は大きくなり，継続時間が長いと降雨強度は小さくなる形を示している。図に示すように，再現期間 10 年の大雨の降雨強度公式曲線は再現期間 5 年の降雨強度公式曲線より上に位置することになる。

降雨強度公式には，タルボット（Tarbot）型，シャーマン（Sherman）型，変型久野公式などがあり，その中で，わが国の都市の多くでタルボット型の降雨強度公式が用いられている。

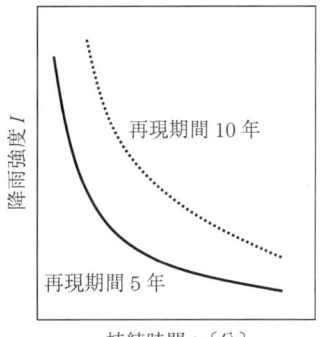

図 3.2　降雨強度公式の概略の曲線形

（A）　タルボット型　$I = \dfrac{a}{t+b}$ \hfill (3.2)

（B）　シャーマン型　$I = \dfrac{a}{t^n}$ \hfill (3.3)

60　3. 下　水　道

（C）　変型久野公式　　$I = \dfrac{a}{\sqrt{t \pm b}}$ 　　　　　　　　　　　　(3.4)

〔4〕　**流 出 係 数**　　下水管渠を設計するために用いる合理式には流出係数 C が含まれており，その流出係数の範囲 0～1.0 の間の数値で，その地域の降雨流出の程度を表している。C の値は，その地区の土地の性状や利用状況を反映し，降雨の流出の程度は $C=1.0$ の場合に降雨全量流出，$C=0$ の場合に降雨全量地下浸透となる。**表 3.6**，**表 3.7** に工種別・用途別の流出係数の標準値を示す。

表 3.6　工種別の流出係数の標準値[2]

工　種　別	流出係数	工　種　別	流出係数
屋　　　　根	0.85～0.95	間　　　　地	0.10～0.30
道　　　　路	0.80～0.90	芝，樹木の多い公園	0.05～0.25
その他の不透面	0.75～0.85	勾配のゆるい山地	0.20～0.40
水　　　　面	1.00	勾配の急な山地	0.40～0.60

表 3.7　用途別の流出係数の標準値[2]

敷地内に間地が非常に少ない商業地域や類似の住宅地域	0.80
浸透面の野外作業場などの間地を若干もつ工場地域や庭が若干ある住宅地域	0.65
住宅公団団地などの中層住宅団地や1戸建て住宅の多い地域	0.50
庭園を多くもつ高級住宅地域や畑地などが割合残る郊外地域	0.35

地区の総合的な流出係数は，地区の流域面積を重みとして平均している。

$$\text{地区総合流出係数} = \dfrac{(C_1 A_1 + C_2 A_2 + \cdots + C_n A_n)}{A} \quad (3.5)$$

ここで，C_i：区画 i の流出係数，A_i：区画 i の流域面積，A：地区の全流域面積である（$i=1 \sim n$）。

〔5〕　**流入時間，流下時間と流達時間**

1）　流入時間　　流入時間 t は雨水が地表に到達してから下水管渠に流入するまでの時間であり，一般に 7 分を採用している。

　　　人口密度が大きい地区　　　5 分
　　　人口密度が小さい地区　　　10 分
　　　幹　　線　　　　　　　　　5 分

| 枝　線 | 7～10 分 |

2）流達時間　流達時間 T は，管渠のある断面に雨水が到達する時間である．

$$T = t + \frac{L}{60v} \tag{3.6}$$

T：流達時間〔分〕，v：管渠内の仮定流速〔m/s〕，L：ある断面までの管渠の全長〔m〕，t：流入時間〔分〕である．ここで $L/60v$ は，**流下時間**を表す．

流達時間は，降雨継続時間として用いられ，降雨強度公式と合理式によって計算される最大雨水流出量を算出するために用いられる．降雨継続時間 t が流達時間と一致したときに最大雨水流出量が求まる理由について例題をもとに説明する．

例題 3.2　面積 50 ha，流出係数 0.8，流達時間 20 分，降雨強度 I〔mm/h〕$=4\,500/(t+40)$ の地域で，降雨継続時間＝流達時間の時に雨水流出量の最大値が現れることを，降雨 A（継続時間 $t=10$ 分），降雨 B（$t=20$ 分），降雨 C（$t=40$ 分）として説明し，結果を図示しなさい．

【解答】　図 3.3 に示すように，流域面積を流達時間 1 分間隔に等分割し a_1～a_{20} とし，最遠点の流達時間 20 分で a_{20} とする．$a_1=a_2=\cdots=a_{20}$ とすると，流達時間 10 分の流域面積は

$$\sum_{i=1}^{10} a_i = \frac{10}{20}A$$

で表される．

降雨 A は継続時間が $t=10$ 分であるので，10 分まで降った雨は，この面積を用いて合理式で流出量を求めなければならない．

$$Q_A = \frac{1}{360} \times 0.8 \times \frac{4\,500}{10+40} \times \frac{10}{20} \times 50 = 5 \text{〔m}^3\text{/s〕}$$

10 分から流達時間 20 分までの間は雨がやんでいるので $\sum_{i=10}^{20} a_i$ の流域の雨水が一定値 $Q_A=5$ m³/s で流出して 20 分を過ぎて 30 分まで減少しゼロとなる（図 3.4）．

降雨 B で継続時間 $t=20$ 分の場合は

$$Q_B = \frac{1}{360} \times 0.8 \times \frac{4\,500}{20+40} \times 50 = 8.3 \text{〔m}^3\text{/s〕}$$

62   3. 下水道

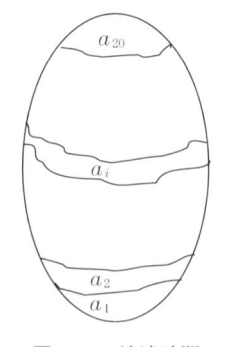

図3.3 流達時間20分の流域面積

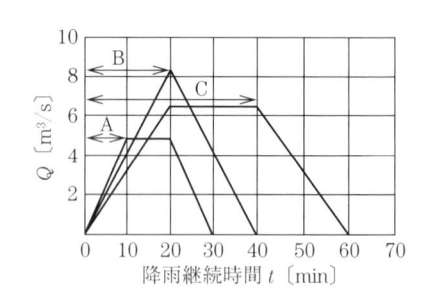

図3.4 降雨継続時間と雨水流出量の関係

となり，20分で最大流出量 $=8.3\,\mathrm{m^3/s}$ で，降雨流出は全体で40分で終了する（図 **3.4**）。

降雨Cで継続時間 $t=40$ 分の場合は，流域 $A=50\,\mathrm{ha}$ の流達時間が20分であるので20分を過ぎ40分までは，合理式による最大流出量で一定に流出し，降雨継続時間40分から最遠点の流達時間の分20分をたして60分まで，流出量は減少しゼロとなる（図**3.4**）。

$$Q_C = \frac{1}{360} \times 0.8 \times \frac{4\,500}{40+40} \times 50 = 6.25 \;[\mathrm{m^3/s}]$$

よって，図に示されるように，降雨継続時間＝流達時間のとき，合理式より最大雨水流出量が求まる。   ◇

3.3 管 路 施 設

3.3.1 下水管渠の種類と特徴

〔**1**〕 下水管渠に要求される条件

① 埋設による外圧に耐えうる強度を有すること

② 腐食されにくいこと

③ 内面が平滑であること

④ 水密性を保ちうること

⑤ 価格が低廉であること

⑥ 施設施工が容易であること

〔2〕 管の種類別比較 (表3.8)

表3.8 管の種類別比較[4]

項目 \ 管種	陶管	硬質塩化ビニル管 (VP)	鉄筋コンクリート管	遠心力鉄筋コンクリート管
1. 耐食性 (良 好)	2	1	4	3
2. 強 度 (強 さ)	4	3	2	1
3. 熱 (強 さ)	1	4	3	2
4. 管 肌 (滑らかさ)	2	1	4	3
5. 継 目 (少ない)	4	1	3	2
6. 加 工 (しやすい)	4	1	3	2
7. 重 量 (軽 い)	2	1	3	4
8. 価 格 (安 い)	1	2	3	4

(注) 表中の1〜4の数値は,各項目の優位順位である。なお各管種について $D=150$ mm 管の場合についての比較である。

〔3〕 **管渠の粗度係数**　　管渠の内径を決定するためにはマニング公式を用いて行うことが一般的であり,管渠の粗度係数が重要なファクタとなる。一般的に用いられている管渠の粗度係数を以下に示す。

　　陶管,鉄管,コンクリート管　　　$n=0.013$
　　塩化ビニル管　　　　　　　　　　$n=0.010$

3.3.2 下水管渠の水理

下水道での汚水,雨水の流送方式は自然流下を原則とする。下水管渠の内径を計算するためには,流速公式としてマニング公式を採用している。

$$v=\frac{1}{n}R^{\frac{2}{3}}I^{\frac{1}{2}} \qquad (3.7)$$

下水管渠の勾配 I は,下流に行くに従いしだいに小さくなるようにする。流速は,管渠内に浮遊物,土砂が堆積せず,速すぎる流速によって磨耗しないような値の範囲を設定している (**表3.9**)。

地表勾配が急で最大流速を越える場合は,マンホールの設置によって勾配を緩くする方法がとられる (**図3.5**)。

表3.9 下水管渠の設定流速範囲

	最小管径	最小流速 浮遊物，土砂の堆積防止	最大流速 磨耗防止	理想流速
汚水管	200 m/m 以上	0.6 m/s	3.0 m/s	1.0～1.8 m/s
雨水管 合流管	250 m/m 以上	0.8 m/s	3.0 m/s	

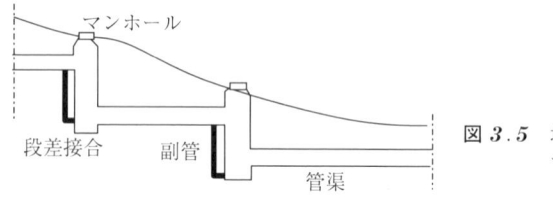

図3.5 地表勾配が急な場合のマンホール設置

3.3.3 管渠の敷設

管径の異なる管渠の接合方法には，**表3.10**，**図3.6**に示す方法があり，水理学的特長や計算の煩雑さ，施工により一長一短がある。一般的には，管頂接合が用いられる。

表3.10 管径の異なる管渠の接合方法

接合方法	水理学的特長	計算・施工
水面接合	水理学的に計画水位を一致させ接合するよい方法	計算煩雑
管頂接合	流れは円滑	掘削深さが増して工費がかさむ
中心接合	水面接合に類似	水理計算を必要としない
管底接合	上流部で動水勾配線が管頂より上昇する恐れあり	掘削深さを減らし工費軽減

同径管の継手方法は様々あり，水密性の高い構造にしている。**図3.7**に継手方法を示す。

管渠の敷設工事は，敷設地の状況，地質によって異なり最も経済的で安全な方法がとられる。また，既設の水道管，ガス管，電線等の配置を事前に調査し，注意して施工しなければならない。以下に，主な敷設工事を示す。

（a） 地表からの開削（オープンカット）

図 3.6　管径の異なる管渠の接合方法

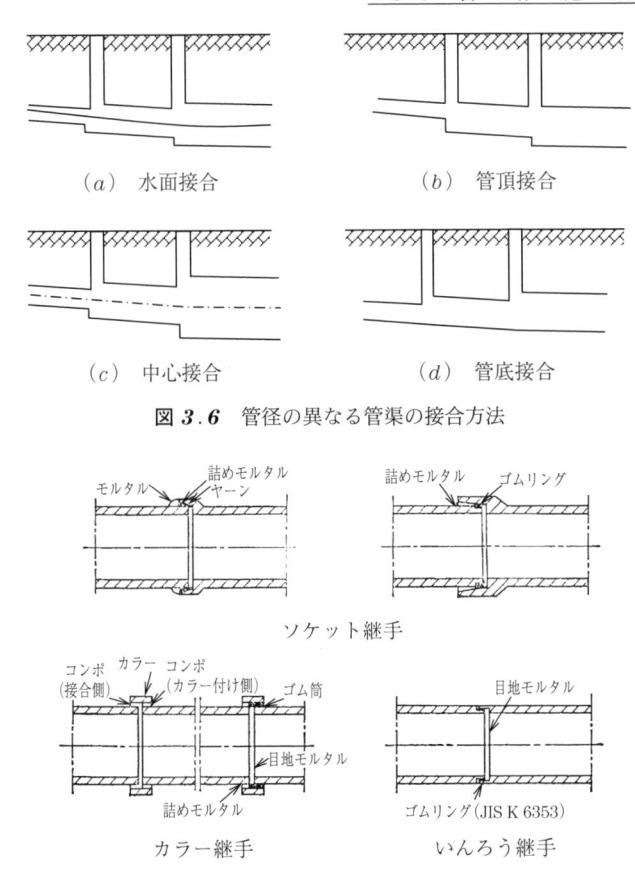

(a) 水面接合
(b) 管頂接合
(c) 中心接合
(d) 管底接合

ソケット継手

カラー継手

いんろう継手

図 3.7　同径管の継手方法[5]

(b)　押し込みによる推進
(c)　シールド工法（1 200 mm 以上の大口径管）

3.3.4　付属設備

　下水道の管路施設では，管渠の他に伏越し，マンホール，雨水吐室，雨水調整池，吐口，ます・取付管・地先下水，排水設備，除害施設などがある。
　〔1〕伏越し　管渠が河川などの障害物によってさえぎられている場合，障害物の下を通して下水を対岸に流送するための施設である。伏越し下部

には，土砂がたまりやすく，維持管理が困難な面もあって設置しないことが望ましい。

〔**2**〕 **マンホール**　マンホールの役割には次のものがある。

1) 人が下水管渠の監視や清掃のために出入りする
2) 管渠内の換気，清掃用水の注入
3) 管径，勾配の異なる管渠の接合や合流

マンホールのふたの大きさは，内径にかかわらず60 cm となっている。

マンホールの種類には**図 3.8**に示すものがある。

（1） 起点マンホール（または，ターミナルマンホール）
（2） 普通の接合マンホール
（3） 段差マンホール

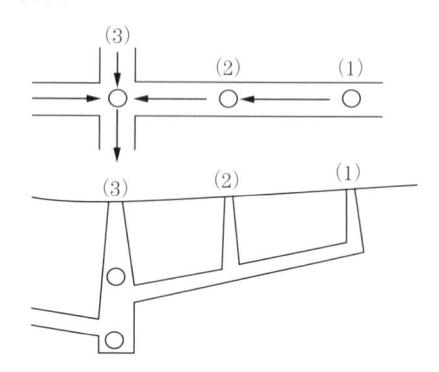

図 3.8　マンホールの種類

〔**3**〕 **雨水吐室**　合流式の下水道で，雨天時計画汚水量（晴天時計画汚水量の3〜5倍）を越える下水量を，雨水吐き室の横越流堰を用い河海（公共用水域）に放流する。

横越流堰長は**図 3.9**に示す管渠の水理特性曲線図を用い，以下に示す横越流堰の公式から設計される。

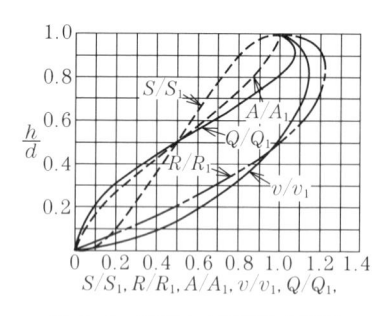

図 3.9　管渠の水理特性曲線図

$$L = \frac{Q}{1.8 h^{\frac{3}{2}}} \quad (3.8)$$

ここで，L：堰長〔m〕，Q：越流量〔m³/s〕，h：堰上水深〔m〕である。

例題 3.3　直径1 650 mm の円形管（$n=0.015$）が勾配1/2 000 で敷設されている。雨天時の雨水吐室で晴天時汚水量 $Q'=0.420$ m³/s の3倍の汚水量を

下流の処理場へ流し,残りを越流させ放流したい。横越流堰の管底から高さと必要な長さを求めよ。

【解答】 満管流量をマニング公式で求める。

$$Q_f = \frac{A}{n}R^{\frac{2}{3}}I^{\frac{1}{2}} = \frac{\pi}{4} \times 1.65^2 \times \frac{1}{0.015}\left(\frac{1.65}{4}\right)^{\frac{2}{3}}\sqrt{\frac{1}{2\,000}} = 1.766 \; [\mathrm{m^3/s}]$$

下流へ流す流量 $3Q' = 3 \times 0.420 = 1.260 \; \mathrm{m^3/s}$ であり,これを流したときの水深は,流量比 (Q/Q_f)

$$\frac{3Q'}{Q_f} = \frac{1.260}{1.766} = 0.713$$

で図 **3.9** より $h'/d = 0.62$ となり

$$h' = 0.62 \times 1.65 = 1.02 \; [\mathrm{m}]$$

となる。越流水深は

$$h = 1.65 - 1.02 = 0.630 \; [\mathrm{m}]$$

となる。また越流量は

$$Q = Q_f - 3Q' = 1.766 - 1.260 = 0.506 \; [\mathrm{m^3/s}]$$

である。横越流堰長は式 (3.8) より

$$L = \frac{Q}{1.8 h^{\frac{3}{2}}} = \frac{0.506}{1.8 \times 0.63^{\frac{3}{2}}} = 0.562 \; [\mathrm{m}]$$

よって,横越流堰長 57 cm 以上,堰高 1.02 m となる。　　　　◇

〔4〕**雨水調整池**　市街化の進行とともに雨水流出が大量急激となり,これらの雨水を人工的に貯留して,土砂および洪水の調節を目的とした施設が必要となる。

〔5〕**吐　　口**　下水道の雨水放流管または終末処理場の処理水放流管など,下水や処理水を公共用水域へ放流するための施設である。

〔6〕**ます・取付管・地先下水**　地先下水(側溝など)を流れた雨水(下水)は,ます→取付管→下水本管の経路で流集される。ますには,雨水ますと汚水ますがある。

〔7〕**排水設備**　下水を公共下水道に流入させるための私有地などの排水管渠,ます,その他の付帯設備(ゴミよけ装置,防臭装置,油脂遮断装置など)である。

〔8〕**除害施設**　工場排水を直接,公共下水道に流入させた場合に生じ

3.3.5 管渠の設計例

例題 3.4 以下の設計条件で図 3.10 を参照して管渠を設計しなさい。

a) 排除方式は合流式とする
b) 降雨強度公式は $I = 4\,500/(t+40)$
c) 流出係数 $C = 0.5$ とする
d) 流入時間を 5 分とする
e) 管内仮定流速を 1.2 m/s とする
f) 1人1日最大汚水量を 400 l とする
h) 人口密度を 250 人/ha とする
i) 時間最大汚水量は日最大に対し 1.5 とする

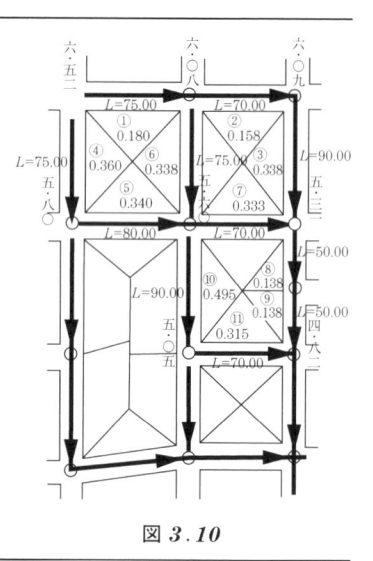

図 3.10

【解答】

1) 流達時間　幹線より計算すれば $T = t + L/60v$ より

① $5\,(分) + \dfrac{75.0\,[\text{m}]}{60\,[\text{s/分}] \times 1.2\,[\text{m/s}]} = 6.04\,[分]$

② $5 + \dfrac{145.0}{60 \times 1.2} = 7.01\,[分]$

③ $5 + \dfrac{235.0}{60 \times 1.2} = 8.26\,[分]$

⑧ $5 + \dfrac{285.0}{60 \times 1.2} = 8.96\,[分]$

⑨ $5 + \dfrac{335.0}{60 \times 1.2} = 9.65\,[分]$

ここで L は設計管路端までの全管路長の最も長い値のものを選ぶ（流達時間の最大の値を選ぶ）。

2) 雨水量　合理式 $Q = CIA/360$, $I = 4\,500/(t+40)$ より, 最大雨水流出量を求める。まず, ヘクタール当りの流出量 $Q/A = CI/360$ を計算する。

3.3 管路施設

$C=0.5$ より

① $\dfrac{0.5}{360} \cdot \dfrac{4\,500}{6.04+40} = 0.136$

② $\dfrac{0.5}{360} \cdot \dfrac{4\,500}{7.01+40} = 0.133$

③ $\dfrac{0.5}{360} \cdot \dfrac{4\,500}{8.26+40} = 0.130$

流域面積 A は，図 3.10 より設計管路終端での流出に関連する全流域面積の合計である。

① 0.180 ha ② 0.338 ha ③ 0.676 ha ⑧ 2.185 ha

雨水流出量は

① $0.180 \times 0.136 = 0.024\,5$

② $0.338 \times 0.133 = 0.045\,0$

③ $0.676 \times 0.130 = 0.087\,9$

3) 汚水量　　ha 当りの汚水量 q は

$$q = 0.4\,(1\text{人1日最大汚水量}) \times 1.5\left(\dfrac{\text{時間最大}}{\text{日最大}}\right) \times \dfrac{1}{24} \times \dfrac{1}{60\times 60}$$
$$\times 250\,(\text{人口密度}) = 0.001\,74\,[\text{m}^3/(\text{s}\cdot\text{ha})]$$

汚水量は，(遮下排水面積)×(ha 当りの汚水量) より計算される。

① $0.180 \times 0.001\,74 = 0.000\,3$

② $0.338 \times 0.001\,74 = 0.000\,6$

③ $0.676 \times 0.001\,74 = 0.001\,2$

4) 総流量　　合流式の場合は，雨水量と汚水量を加え総流量とする。

① $0.024\,5 + 0.000\,3 = 0.024\,8$

② $0.045\,0 + 0.000\,6 = 0.045\,6$

③ $0.087\,9 + 0.001\,2 = 0.089\,1$

5) 管径の決定　　マニングの粗度係数 n と勾配 I が，$n=0.013$，$I=7/1\,000$ と与えられているものとする。

まず，管径 θ をマニング公式より推定する。

$$v = \dfrac{4Q}{\pi\theta^2} = \dfrac{1}{n}\left(\dfrac{\theta}{4}\right)^{\frac{2}{3}} I^{\frac{1}{2}}$$

$$\theta = 2.378\left(\dfrac{nQ}{\pi}\right)^{\frac{3}{8}} I^{-\frac{3}{16}}$$

推定管径　① $\theta=0.192\,5$，② $\theta=0.241\,9$，③ $\theta=0.311\,0$ である。

決定管径は表 3.11 より選び，推定管径を下回らない最小の大きさの管径とする（管の種類により管径値の範囲は異なる。ただし，合流式下水管渠径は 250 mm 以上）。

① θ＝250，② θ＝250，③ θ＝350

6） 管渠の起点，終点の管底高および土覆り　地下に埋設する管渠の起点，終点の管底高および土覆りは，事前に測定した地盤高より，**図3.11**から求まる。

④の起点管底高：地盤高（6.520）－土覆り（1.200）－肉厚（0.028）－管径（0.250）
　＝5.042 m

⑤の終点管底高：④起点管底高（5.042）－勾配（0.007）×管長（75.000）＝4.517 m

⑥ ⑤4.517＋③0.25＝4.767

⑦ 管径が同じ場合1 cm低くする：⑥4.767－0.01＝4.757

⑨の記点管底高：⑦（4.757）－管径（0.250）＝4.507 m

⑩ 土覆り：地盤高（6.080）－⑦（4.757）－肉厚（0.028）＝1.295 m

マンホールでは，⑥⑦の高さを調整するが，この例では同じ管径なので1 cm低くしている。管径が異なる場合は，⑥と⑦の高さは同じとする。

管渠流量計算表の一部をそれぞれ**表3.12**に示す。

表3.11　管径と肉厚（A型管）
（単位 mm）

内　径	厚　さ
150	26
200	27
250	28
300	30
350	32
400	35
450	38
500	42
600	50
700	58
800	66
900	75
1 000	82
1 100	88
1 200	95
1 350	103
1 500	112

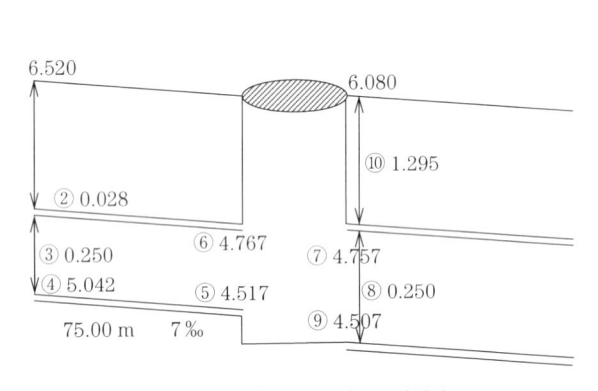

図3.11　管底高・土覆りの計算方法

3.4 ポンプ場施設

表3.12 管渠流量計算表（例題計算の一部，合流式）

幹線番号	枝線番号	面積		延長		流達時間〔分〕	流出量			汚水量〔m³/s〕	総水量〔m³/s〕
		排水面積		各線〔m〕	逓加〔m〕		流出係数	雨水量			
		各線〔ha〕	逓加〔ha〕					ha当り流量〔m³/s〕	総量〔m³/s〕		
1		0.180	0.180	75.00	75.00	6.04	0.5	0.136	0.024 5	0.000 3	0.024 8
2		0.158	0.338	70.00	145.00	7.01	〃	0.130	0.045 0	0.000 6	0.045 6
3		0.338	0.676	90.00	235.00	8.26	〃	0.128	0.087 9	0.001 2	0.089 1
	4	⑧へ 0.360	流入 0.360								

幹線番号	枝線番号	計画下水管渠						地盤高〔m〕	土覆り〔m〕
		雨水管渠				管底高			
		断面〔mm〕	こう配〔‰〕	流速〔m/s〕	流量〔m³/s〕	起点〔m〕	終点〔m〕		
1		250	7.0	1.013 6	0.049 8	5.042	4.517	6.520	1.200
2		250	7.0	1.013 6	0.049 8	4.507	4.017	6.080	1.295
3		350	7.0	1.268 5	0.122 0	3.917	3.287	6.090	1.791

◇

3.4 ポンプ場施設

3.4.1 ポンプ場の種類

ポンプ場の種類として，以下に示す3つが挙げられる。

1) 中継ポンプ場

2) 排水ポンプ場

3) 処理場内ポンプ場

中継ポンプ場は，下水を自然流下させた場合，下水管渠が伸びるにつれ地中深くになるので，途中で中継地を設け勾配をとれるようにポンプアップして，自然流下を保てるようにするポンプ場である。排水ポンプ場は，雨水を河海に排出するためのポンプ場である。処理場内ポンプ場は，汚水が処理場内で自然流下していくよう前もって沈砂池の後でポンプアップする施設である。

3.4.2 ポンプ場施設

ポンプ場の主な設備施設を以下に挙げる。
1) スクリーン (screen)
2) 沈砂池 (grit chamber)
3) ポンプます (pump pit)
4) ポンプ (pump)
5) 除砂設備

　スクリーンは粗大狭窄物を除去し，沈砂池では比重 2.65，直径 0.2 mm 以上の砂粒子を取り除くために設置し（平均流速は 0.3 m/s が標準），ポンプに支障のないようにしている。図 **3.12** にスクリーン，沈砂池，除砂設備の例を挙げる。

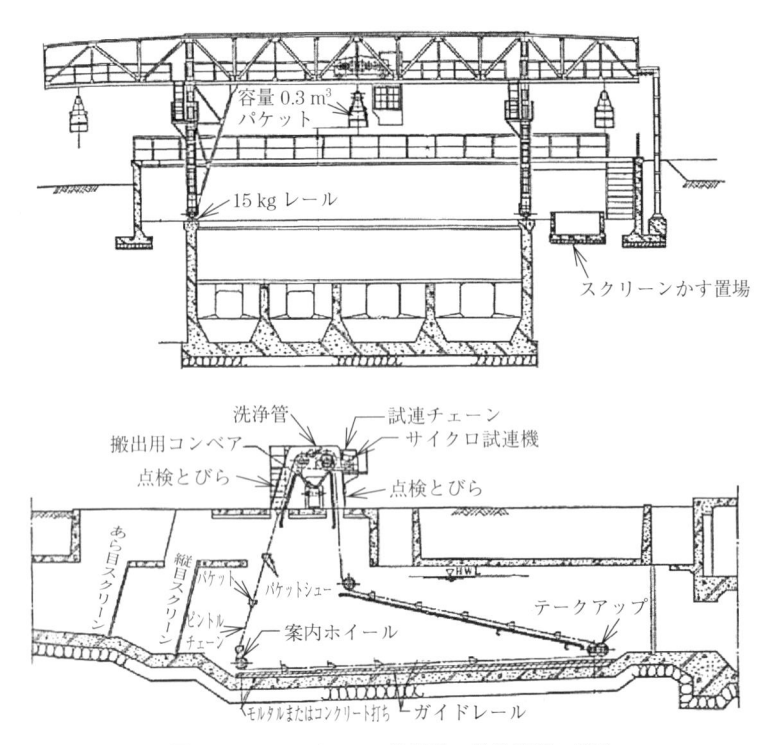

図 **3.12** スクリーン，沈砂池，除砂設備の例[12]

3.4.3 ポンプの種類

1） 軸流ポンプ　　吸込み揚程は低く，キャビテーションが起こりやすい。
2） 斜流ポンプ　　吸込み揚程は軸流ポンプより高い。
3） 渦巻ポンプ　　吸込み揚程は高く，キャビテーションは起こりにくい。主に使用される。

3.5　下水道における水質

3.5.1　下水に含まれる物質

水中に含まれる物質は溶解物質と不溶解物質とに分類されるが，これらを試験的に区別することは困難であり，下水道試験では，ガラス繊維ろ紙を通過する物質（約1μm以下）を溶解物質とし，ガラス繊維ろ紙上に残存する物質を浮遊物質（SS）としている。後述する下水処理施設において，無機物質で浮遊物質の大きなものが沈砂池で除去され，有機物質・無機物質の比較的軽い浮遊物質が最初沈殿池で除去され，それらを通過した有機物（浮遊物・溶解物）は最終的に曝気槽（aeration tank）で生物学的に除去される。以下に，下水に含まれる物質の分類を示す（図 3.13）。

```
浮遊物質：
  ┌無機物質：無機性粒子（砂，粘土粒子，金属片など）
  └有機物質：残飯片，食物片，固形排泄物，生物遺体など
溶解物質：
  ┌無機物質：$Ca^{2+}$，$Na^+$，$Cl^-$，$NH_4^+$，$NO_3^-$，$SO_4^{2-}$ など
  └有機物質：炭水化物，たんぱく質，脂肪，有機酸など
```

図 3.13　下水に含まれる物質の分類

3.5.2　下　水　試　験

表 3.13 に下水の主要な試験項目と内容を示す。

表 3.13 下水の主要な試験項目

試験項目	内容
DO	溶存酸素濃度（dissolved oxygen）の略。水中に溶存している分子酸素 O_2 の濃度（mg/l）。20°Cの純水中の飽和溶存酸素濃度は 8.84 mg/l であり，他の溶存物質が高濃度になると，その値は低くなる。DO の量により，水質の良否の判定もでき，DO が大きい値のとき，好気的で良好な水質であるといえる。
BOD	生物化学的酸素要求量（biochemical oxygen demand）の略。20°C，5日間で水中の有機物を分解するために水中の微生物が消費した溶存酸素量をいう。水中の生物学的に分解可能な有機物量とほぼ等しいので，下水や環境水の汚染度指標，下廃水処理の管理指標として用いられる。
COD_{Mn} COD_{Cr}	化学的酸素要求量（chemical oxygen demand）の略。 COD_{Mn} は，酸化剤として $KMnO_4$ を用い有機物を酸化した際に消費された酸化剤中の酸素量によって表示される。 COD_{Cr} は，酸化剤として $K_2Cr_2O_7$ を用いており，$KMnO_4$ より酸化力が強いので COD_{Mn} に比べ有機物のほとんどが酸化される。COD_{Cr} は物質収支をとる際に便利で酸素収支の整合性の 90 % 以上をとれる。 COD は，簡便迅速に結果が得られるので BOD の代替指標として用いられる。
SS TS VSS VTS	浮遊物質（suspended solid）の略。 蒸発残留物（total solid）の略。 揮発性浮遊物質（volatile suspended solid）の略。 揮発性蒸発残留物（volatile total solid）の略。 SS は，水中に懸濁している物質で，網目 2 mm のふるいを通過し，孔径 1 μm のガラス繊維ろ紙に留まるものをいう。TS は試料を蒸発乾固したとき残る量である。VSS および VTS は SS，TS をそれぞれ 600°C ±25°Cで 30 分間強熱することによって揮発する物質をいい，有機物の量を示す。 以下に SS，TS，VSS，VTS の関連性を示す。 （無機物量）＝TS－VTS：強熱残さ （有機物量）＝VTS （溶解物質量）＝TS－SS （溶解有機物量）＝VTS－VSS （溶解無機物量）＝（TS－SS）－（VTS－VSS） （浮遊有機物）＝VSS （浮遊無機物）＝SS－VSS
pH	pH は，水素イオン濃度の逆数の対数をとったもので，pH 7 が中性で，それ以下が酸性，それ以上がアルカリ性と定義される。pH＝－log [H^+] 家庭下水の pH は，7 前後であるが，工場排水等では強酸，強アルカリの場合があるので注意を要する。

表 3.13 （つづき）

試験項目	内　容
全窒素 有機性窒素 アンモニア性窒素 亜硝酸性窒素 硝酸性窒素	有機性窒素であるタンパク質等は，微生物によって分解されアンモニア性窒素となる。アンモニア性窒素は好気的条件下で，硝化細菌の作用によって亜硝酸性窒素を経て硝酸性窒素となる。 $NH_4^+ + 3/2\,O_2 \xrightarrow{Nitrosomonas} NO_2^- + 2\,H^+ + H_2O$ $NO_2^- + 1/2\,O_2 \xrightarrow{Nitrobactar} NO_3^-$ また，亜硝酸性窒素と硝酸性窒素は嫌気的条件下で脱窒細菌の硝酸呼吸によって窒素ガスとなる。
全リン 有機性リン 無機性リン	リンは，し尿，洗剤，肥料に多量に含まれており，下水中にも無機性リンや有機性リン化合物として存在している。窒素とともにリンは，生物にとって必須の元素であり，特に植物性プランクトンの大量発生である赤潮（富栄養化現象の1つ）の原因物質として認識されている。
大腸菌群	大腸菌は，糞便汚染ひいては病原菌汚染の指標として用いられる。わが国では，下水処理水中の大腸菌群は1 ml 中3 000個以下と定められている。最近では，糞便性大腸菌，腸球菌や他の細菌を病原菌汚染の指標として用いることが研究されつつあり，一般の大腸菌群の不備な点を改善していくことが考えられている。

3.6 下水処理施設

　下水（汚水）は，一般的に物理的，化学的，生物学的に処理されている。その代表的な処理方法として，沈殿処理，活性汚泥法が挙げられ，それらを組み合わせて処理が行われている。活性汚泥法は，汚水中の固形，溶解性有機物を曝気槽（エアレーションタンク）内において活性汚泥という微生物集塊によって，吸着・酸化分解する方法である。現在では，膜分離活性汚泥法という，精密ろ過膜によって活性汚泥と処理水を膜分離することで沈殿池の必要のないコンパクトな処理法が開発され，分散型の低エネルギーの処理法へと発展しつつある。

3.6.1 活性汚泥法

　一般的な活性汚泥法のフローを図 3.14 に示す。

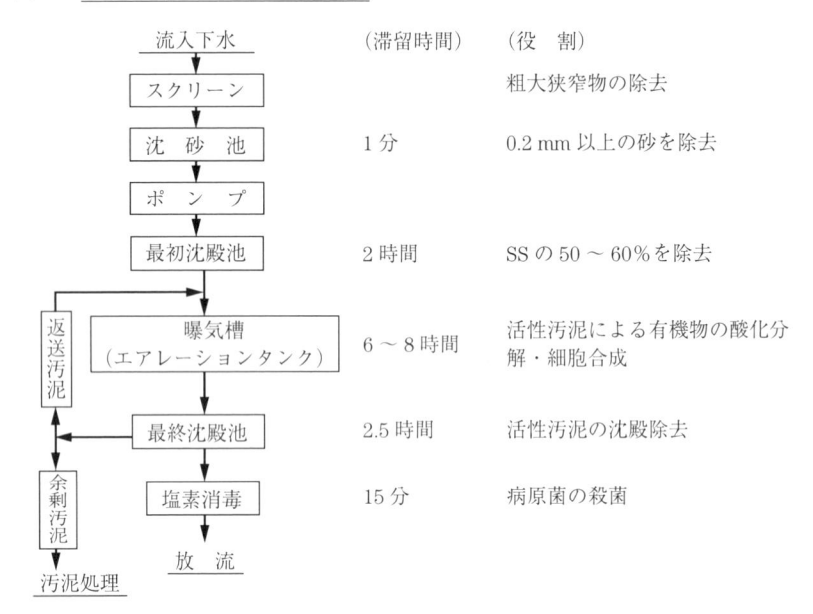

```
流入下水       (滞留時間)    (役 割)
   ↓
 スクリーン              粗大狭窄物の除去
   ↓
  沈砂池      1 分        0.2 mm 以上の砂を除去
   ↓
  ポンプ
   ↓
 最初沈殿池    2 時間       SS の 50～60% を除去
   ↓
 曝気槽       6～8 時間     活性汚泥による有機物の酸化分
(エアレーションタンク)              解・細胞合成
   ↓
 最終沈殿池    2.5 時間      活性汚泥の沈殿除去
   ↓
 塩素消毒     15 分        病原菌の殺菌
   ↓
  放流
```

返送汚泥・余剰汚泥・汚泥処理

図 3.14 活性汚泥法のフロー

3.6.2 活性汚泥の浄化機構

活性汚泥法の浄化機構として次の 3 つが挙げられ，それらが相互に関連しあって浄化が行われている。

〔1〕 **有機物の吸着（生物吸着）** 活性汚泥の表面に有機物が物理的および化学的に濃縮される現象を吸着という。吸着現象は下水と活性汚泥の接触後 20 分以内に急激に起こり，30～60 分で平衡（初期吸着）に達する。

〔2〕 **有機物の酸化（異化）および同化** 活性汚泥に吸着された有機物は，酸化または同化され，これらの過程を経て下水が浄化される。酸化とは微生物が生体の維持や細胞合成などに必要なエネルギーを得るために吸着した有機物を分解することである。また，同化は酸化によって得たエネルギーを利用して，有機物を新しい細胞に合成（活性汚泥の増殖）することをいう。

〔3〕 **生物フロックの形成** 清澄な処理水を得るためには，活性汚泥の凝集性や沈降性が良好でなければならない。活性汚泥の凝集性・沈降性は生物の

成長期によって異なる。対数増殖期は有機物の除去量は大きいが凝集性・沈降性に乏しい。一方，有機物が少ない減衰増殖期，固有呼吸期に入ると，微生物の吸着力，凝集性および沈降性は高まっていく。

3.6.3 活性汚泥の管理指標

表 3.14 に活性汚泥の管理指標を示す。

表 3.14 活性汚泥の管理指標

項　目	定義・計算式	解　　説
MLSS (mixed liquor suspended solid) 混合液浮遊物濃度	$\dfrac{Q_S C'_s + RQ_S C_R}{Q_S + RQ_S}$ $= \dfrac{C'_s + RC_R}{1+R}$ $[\text{mg}/l]$	曝気槽における流入下水の浮遊物と活性汚泥の平均浮遊物濃度であり，有機物(微生物がほとんど)と無機物を含んでいるが，ほぼ活性汚泥に等しい。
MLVSS (mixed liquor volatile suspended solid) 混合液揮発性浮遊物濃度	$[\text{mg}/l]$	MLSS の強熱減量で，ほぼ微生物体である有機物量に等しく，活性汚泥量と同じと考えてよい。
BOD-SS 負荷 (BOD-SS loading)	$\dfrac{Q_S C_S}{C_A V}\left[\dfrac{\text{kg BOD}}{\text{kg MLSS}\cdot[\text{day}]}\right]$	設計に用いられ，1日に処理できる有機物量 (BOD) に対する MLSS の比で表される指標である
BOD-容積負荷 (BOD-volume loading)	$\dfrac{Q_S C_S}{V}\left[\dfrac{\text{kg BOD}}{\text{m}^3\cdot[\text{day}]}\right]$	曝気槽の単位体積当りに1日に負荷される有機物量 (BOD)。
SRT (solid retention time) 汚泥滞留時間	$\dfrac{VC_A}{Q_W C_W + Q_S C_E}$ $\approx \dfrac{VC_A}{Q_W C_W}$ $[\text{day}]$	曝気槽・最終沈殿池から沈殿汚泥は返送され，一部が余剰汚泥として引き抜かれる。SRT は，その系内に活性汚泥が滞留する時間を表し，MLSS と余剰汚泥により計算される。設定した SRT により余剰汚泥引き抜き量を算定する方法を SRT 一定制御という。
SVI (sludge volume index) 汚泥容量指標	$\dfrac{V_{30}\,[\%]}{C_A\,[\%]}$ $= \dfrac{V_{30}\times 10^4}{C_A\,[\text{mg}/l]}$	曝気槽内の活性汚泥混合液を30分間メスシリンダー内で沈殿させた場合の1gの汚泥が占める体積の割合を示したもの。SVI 50〜100 で沈降性の良い活性汚泥を示し，200以上になると膨化現象となり固液分離が困難となる。
SDI (sludge density index) 汚泥密度指標	$\dfrac{C_A\,[\%]}{100\,V_{30}\,[\%]} = \dfrac{100}{\text{SVI}}$	SVI に対して SDI は，汚泥 100 ml 中の汚泥の重量 [g] を示したものである。

Q_S：曝気槽流入下水流量，C_S：曝気槽流入下水 BOD 濃度，Q_R：返送汚泥流量，Q_E：処理水流量，Q_W：余剰汚泥量，C'_s：曝気槽流入下水浮遊物量，C_A：MLSS，C_E：処理水浮遊物量，C_W：余剰汚泥濃度，C_R：返送汚泥濃度，R：汚泥返送比，V：曝気槽の容積，V_{30}：30分汚泥沈殿容積

3.6.4 バルキング現象

バルキング現象（膨化現象） とは，活性汚泥の SVI が異常に高くなり，沈殿池での沈殿分離が悪化する現象である（SVI：約 200 以上）。

- 活性汚泥中で sphaerocilus やカビ類（真菌類）のような糸状菌が優先種となる場合（BOD 負荷大）
- 活性汚泥の自己分解によって軽くて沈降しにくい部分が多くなる場合（BOD 負荷小）

バルキング現象の原因を以下に示す。

- 激しい負荷変動
- 溶解性有機物負荷が高い
- 負荷の不適正
- 溶存酸素不足
- H_2S（硫化水素）の生成混入（下水管渠内で）
- 返送汚泥の腐敗
- 曝気槽に短絡流が生じた場合

以上のような原因が推定されているが，バルキング現象の機構については不明な点が多く，現在も多くの研究がなされている。

経験的対策方法として以下に示す手段が講じられている。

- 負荷変動幅を小さくする
- MLSS を適正に維持
- 負荷を適正に保つ
- 溶存酸素の不足のないようにする
- 鉄塩，硫酸バンド，粘土，高分子凝集剤を曝気槽に加える
- 糸状菌を滅菌する薬剤や塩素を注入し，新しい微生物相を形成させる
- 曝気槽上段の約 2 時間の滞留を嫌気的にし，後段 4 時間を好気的とし嫌気－好気の処理に変法する

3.6.5 馴致について

馴致(cultivation)とは活性汚泥などの生物をある環境条件(有機物,pH,温度)に馴れさせることをいう。馴致することによって,初期の生物相とは異なったものとなり,流入有機物に馴れさせることによって処理能力を向上させることができる。

3.6.6 活性汚泥法下水処理場の設計

[1] 最初沈殿池の設計

例題 3.5 次の条件に従って,1日最大汚水量 20 000 m^3/day の下水を処理する最初沈殿池を設計せよ。なお,形状は長方形,池数は2池とする。

水面積負荷:40 m^3/(m^2·day),長さと幅の比 4:1,沈殿時間:1.5時間,余裕高:50 cm,せき負荷:200 m^3/(m·day),直角整流壁の開孔比:6%

【解答】 沈殿時間が1.5時間,2池を設けることから,1池の容量は

$$\frac{20\,000\,(\text{m}^3/\text{day})}{2\,(\text{池})} \times \frac{1.5\,(\text{h})}{24\,(\text{h}/\text{day})} = 625\,(\text{m}^3)$$

水面積負荷が 40 m^3/(m^2·day) であるから,1池の所要水表面積は

$$\frac{20\,000\,(\text{m}^3/\text{day})}{2\,(\text{池})} \times \frac{1}{40\,(\text{m}^3/(\text{m}^2 \cdot \text{day}))} = 250\,(\text{m}^2)$$

したがって,有効水深は

$$\frac{625\,(\text{m}^3)}{250\,(\text{m}^2)} = 2.5\,(\text{m})$$

長さと幅の比が4:1であるから,幅を x [m] とすると

$4x^2 = 250\,(\text{m}^2)$

$x = 7.9\,\text{m} \approx 8.0\,(\text{m})$

したがって,長さは

$7.9 \times 4 = 31.6 \approx 32\,(\text{m})$

せき負荷が 200 m^3/(m·day) であるので,1池の所要堰長さは

$$\frac{20\,000\,(\text{m}^3/\text{day})}{2\,(\text{池})} \times \frac{1}{200\,(\text{m}^3/(\text{m} \cdot \text{day}))} = 50\,(\text{m})$$

1池の幅は8mしかないので,幅30 cmで両側より越流タイプのトラフを4本くし形に入れる場合を考える。1本のトラフの長さ L は

$L=(50-8)\div 8=5.25$ [m]

直角整流壁の孔の総面積は,池の断面積の6％であるから

$8\times 2.5\times 0.06=1.2$ [m²]

直径100 mmの孔を開けるとすると必要な孔数は

$1.2\div\left(\dfrac{\pi}{4}\times 0.1^2\right)=152.8$ 個

近い値として150個を採用し,横に15個,深さ方向に10個を配置する(最終沈殿池の設計の場合は,設計項目値が異なるが同様に設計できる)。　◇

〔2〕 曝気槽(エアレーションタンク)の設計　　例題3.6は,BOD-SS負荷を用いた旧式の設計方法であり,現在はSRTおよび温度を考慮した設計方法に変更されている。

例題3.6 都市下水処理場において,BOD (L_i) が200 mg/l,水量 (Q) が10 000 m³/dayの最初沈殿池後水を処理するための標準活性汚泥法のエアレーションタンクを設計せよ。

【解答】
・エアレーションタンクの容積 (V) および形状

BOD-SS負荷率 (B_L) は,エアレーションタンク内でのBOD除去効率および最終沈殿池での活性汚泥の沈降分離特性に影響を及ぼす重要な因子であるので,これで基礎の計算をはじめる。いま,操作パラメータとしてMLSS＝2 000 mg/l,BOD-SS負荷率 (B_L) ＝0.3 [kgBOD/(kgMLSS・day)] とすると

$B_L=\dfrac{200\ [\text{mg}/l]\times 10\ 000\ [\text{m}^3/\text{day}]}{2\ 000\ [\text{mg}/l]\times V}=0.3$ [kgBOD/(kgMLSS・day)]

∴　$V=3\ 334$ [m³]

水深 $H=5$ m,幅 $A=5$ mとすると長さは

$3\ 334/(5\times 5)=134$ m

となる。5つ折にすると

$134\div 5=27$ m

$(27\times 5=135\ \text{m})$

$V=27\times 5\times 5\times 5=3\ 375\ \text{m}^3$

となる。
・放流水BOD (L_o [mg/l])

処理水効率を90％とすると

$L_o = L_i - 0.9L_i = 200 - 0.9 \times 200 = 20 \ [\mathrm{mg}/l]$
が放流水 BOD となる。

- 送気量（$G \ [\mathrm{m^3/day}]$）

理論的には総括酸素移動容量係数 Kla と送気量との関係およびエアレーションタンク内での消費酸素量より計算されるが，影響因子や制御不可能な因子も多く実際には次式に示されるような経験値から計算されている。いま次式に示されるように送気量（G）を除去 BOD 当りを基準にして計算することにする。

$$30 = \frac{\text{送気量} \ [\mathrm{m^3/day}]}{\mathrm{kg} \ \text{除去 BOD/day}}$$

∴ $G = 30 \times (\mathrm{kg} \ \text{除去 BOD/day})$
$= 30 \times (0.9 \times 200 \ \mathrm{mg}/l \times 10^{-6} \mathrm{kg/mg}) \times 10\,000 \ \mathrm{m^3/day} \times 10^3 l/\mathrm{m^3}$
$= 54\,000 \ [\mathrm{m^3/day}]$

- エアレーション時間（T）

汚泥返送比 $R = 0.25$ とすると

$$T = \frac{24 \ [\mathrm{h/day}] \times 3\,375 \ [\mathrm{m^3}]}{10\,000 \ [\mathrm{m^3/day}] \times (1 + 0.25)} = 6.48 \ [\mathrm{h}]$$

となり，標準活性汚泥法の標準値範囲内となっている。　　　　　　　◇

3.6.7 活性汚泥法の種類

以下に，活性汚泥法の種類を記し，その特徴および管理指標をまとめたものを示す。

① 標準活性汚泥法・テーパードエアレーション（図 3.15）　標準活性汚泥法は，長方形の曝気槽で押出し流れ方式によって 6〜8 時間の曝気時間を与える。テーパードエアレーションは，エアレーション内混合液の酸素消費量に対応させて送気量を調整し，しだいに流出端に行くほど少なくする方式である。

BOD-SS 負荷	0.2〜0.4 kg/(kg・day)
BOD-容積負荷	0.3〜0.8 kg/(m³・day)
MLSS	1 500〜2 000 mg/l
汚泥返送比	20〜30 %
エアレーション時間	6〜8 h
BOD 除去率	90〜95 %

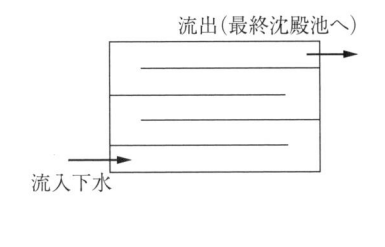

図 3.15　標準活性汚泥法

② ステップエアレーション法（**図 3.16**）　返送汚泥全量を流入端からエアレーションタンク内に流入させ，下水を分割してタンクの全長に沿う数ケ所から流入させる方法。タンク内混合液の酸素利用量がかなり均一になり負荷の変動に対しても容易に対処できる。BOD-SS 負荷は標準活性汚泥法と同一値で運転されるが，BOD 容積負荷が著しく大きくなり一定の BOD 量を除去するのに必要なエアレーションタンク容積をかなり小さくできる。

BOD-SS 負荷	0.2〜0.4 kg/(kg·day)
BOD-容積負荷	0.4〜1.4 kg/(m^3·day)
MLSS	2 000〜3 000 mg/l
汚泥返送比	20〜30 %
エアレーション時間	4〜6 h
BOD 除去率	90 %

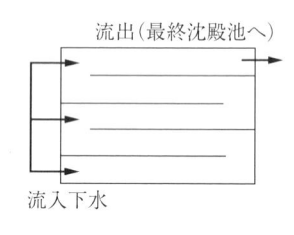

図 3.16　ステップエアレーション法

③ コンタクトスタビリゼーション法（バイオソープション法）（**図 3.17**）

凝集，吸着，フロック形成の能力が高くなった活性汚泥と下水を混和タンク内でわずか 30〜60 分間エアレーションする方法。安定化タンクで数時間エアレーションして，凝集吸着力とフロック形性能の強い活性汚泥を生じさせる。

BOD-SS 負荷	0.2 kg/(kg·day)
BOD-容積負荷	0.8〜1.4 kg/(m^3·day)
MLSS	2 000〜8 000 mg/l
汚泥返送比	40〜100 %
エアレーション時間	5 h 以上
BOD 除去率	85〜90 %

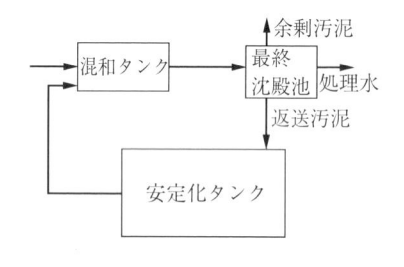

図 3.17　コンタクトスタビリゼーション法

④ 長時間エアレーション法（**図 3.18**）　余剰汚泥量を減少させるために考えられた方式で，BOD-SS 負荷を著しく低くし，長時間のエアレーションを行うことによって活性汚泥を栄養不足状態にし，余剰汚泥の生成を極力制限する方法。

BOD-SS 負荷	0.03〜0.05 kg/(kg・day)
BOD-容積負荷	0.15〜0.25 kg/(m³・day)
MLSS	3 000〜6 000 mg/l
汚泥返送比	50〜150 %
エアレーション時間	16〜24 h
BOD 除去率	75〜85 %

図 **3.18** 長時間エアレーション法

⑤ モディファイドエアレーション法（**図3.19**）　エアレーション時間を短くし，混合液の汚泥濃度を低くして行う方法。必要とする空気量は少なくてすむが，汚泥のフロック形成が悪く，BOD 除去率は低くなる。よって，低濃度下水や水量的に著しく増大した下水の処理に用いられる。

BOD-SS 負荷	1.5〜3.0 kg/(kg・day)
BOD-容積負荷	0.6〜2.4 kg/(m³・day)
MLSS	400〜800 mg/l
汚泥返送比	5〜10 %
エアレーション時間	1.5〜2.5 h
BOD 除去率	50〜60 %

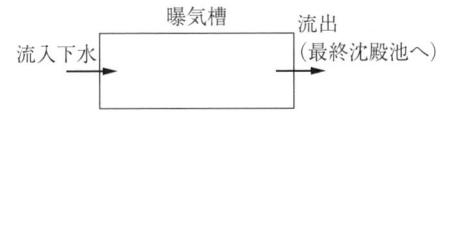

図 **3.19** モディファイドエアレーション法

⑥ オキシデーションディッチ（**図3.20**）　深さ1m ぐらいの溝を環状に設けて下水を循環させながら処理する方法。ロータによって，空気中から酸素を得る。流速は，汚泥が沈殿しないよう 40 cm/s 以上とする。ロータの回転

BOD-SS 負荷	0.03〜0.05 kg/(kg・day)
BOD-容積負荷	0.1〜0.2 kg/(m³・day)
MLSS	3 000〜4 000 mg/l
汚泥返送比	50〜150 %
エアレーション時間	24〜48 h
BOD 除去率	75〜85 %

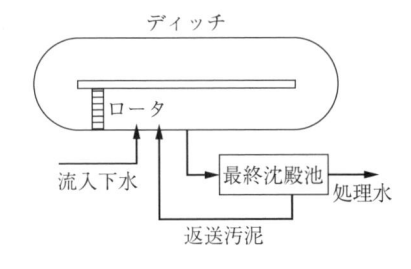

図 **3.20** オキシデーションディッチ

数を制御することによって，溝に嫌気的状態と好気的状態を形成させ，窒素とリンを除去することが可能となる。

⑦ 高速エアレーション沈殿池（図 3.21）　エアレーションタンクと最終沈殿池を一体にしたもの。負荷の変動に弱いので，調整池を設けるのが一般的である。

BOD-SS 負荷	0.2〜0.4 kg/(kg・day)
BOD-容積負荷	0.6〜2.4 kg/(m³・day)
MLSS	3 000〜6 000 mg/l
汚泥返送比	50〜150 %
エアレーション時間	2〜3 h
BOD 除去率	

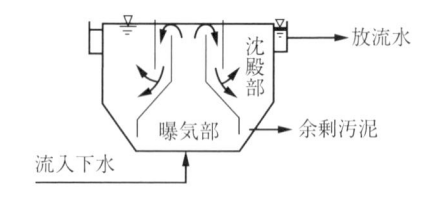

図 3.21　高速エアレーション沈殿池

⑧ 高純度酸素曝気法（図 3.22）
密閉槽に高純度の酸素を送り，活性汚泥混合液の溶存酸素を高くする方法。エアレーションタンク内の汚泥濃度を高くすることができる。標準活性汚泥法と BOD 負荷を同じにすると，エアレーション時間を短縮することができ，装置の縮小化ができる。

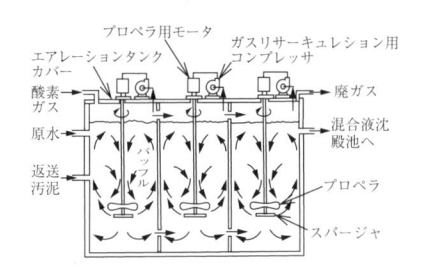

図 3.22　高純度酸素曝気法

⑨ 深槽曝気法（図 3.23）　敷地面積当りの処理水量を増やすために，深い曝気槽が開発された。酸素溶解量の増大が見られる。深さは標準法に準じた曝気槽の深さを 10 m にしたものから，曝気槽をリング状チューブにして深さ 100 m 以上に達するものもある。

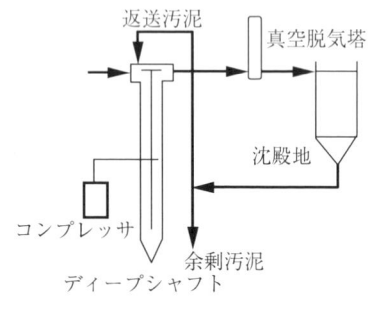

図 3.23　深槽曝気法

3.6.8 散水ろ床法

〔1〕構　造

① 直径 50〜60 mm 程度の砕石またはプラスチック製のろ材を積み上げ，その上部から汚水を散布する構造となっている（図 **3.24**）。
② 散水負荷によって標準法と高速法に分類される。

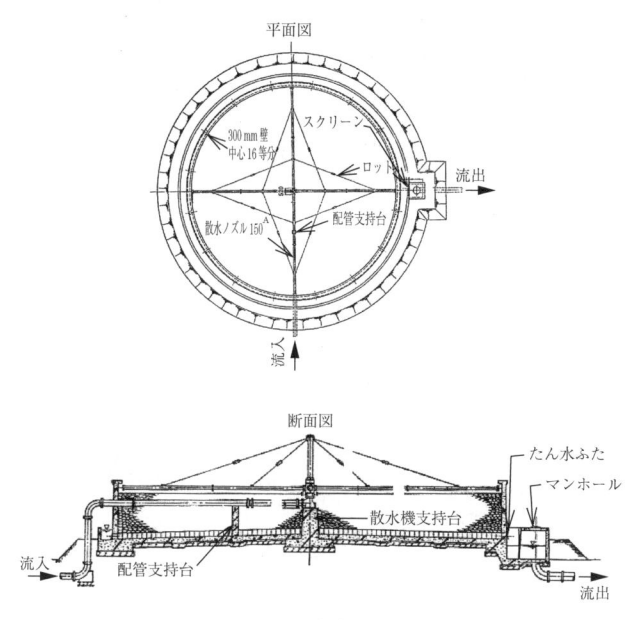

図 **3.24**　散水ろ床の例

〔2〕浄化機構

① 汚水がろ材に散布されると，ろ材の表面に各種の微生物が皮膜状に繁殖する。これらの微生物は，ろ材間隙を通る空気中の酸素を利用して汚水の有機物を酸化分解する。
② 微生物が皮膜状に繁殖したものを生物膜といい，散水ろ床の場合，一般に図 **3.26** のような構成をとっている。
③ 散水ろ床等に付着する生物膜の生物相は多種にわたり，活性汚泥より食物連鎖が長く微小後生動物までに及んでいる。

④ 散水ろ床の生物膜は，内部に嫌気性部分も生じ，その部分で下水のせん断力や自重により脱落する。これら脱落した生物膜は，最終沈殿池で分離され除去される。

3.6.9 回転円板法

〔**1**〕 **構　　造**　　回転円板法の処理装置は，多数の薄い円板（円板の一部が水面下となっている）を水平軸に固定した回転円板槽によって構成されている。水平軸に固定された円板は，ゆっくり回転し，水中，空中と交互に出入りし，回転円板に付着した生物膜によって汚水が浄化される（図 **3.25**）。

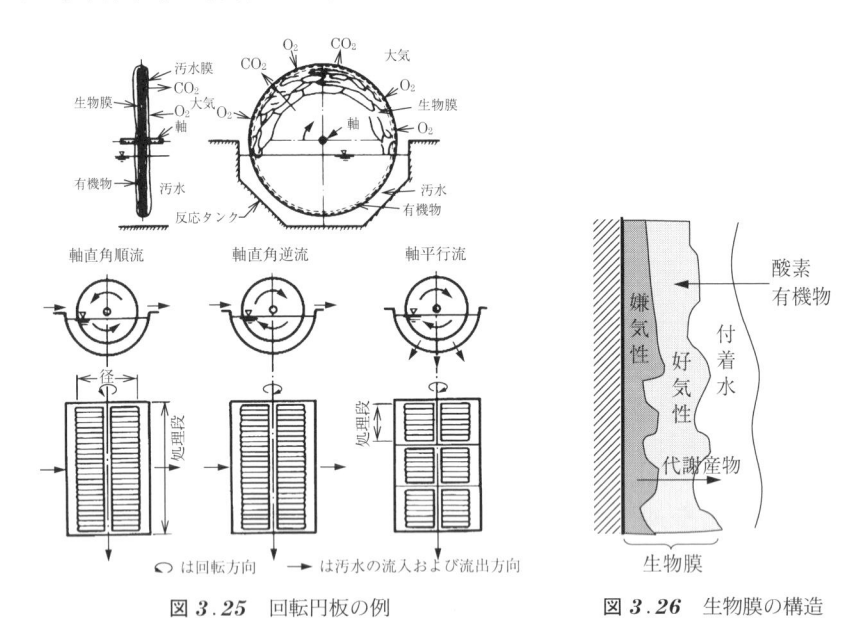

図 **3.25**　回転円板の例　　　　　図 **3.26**　生物膜の構造

〔**2**〕 **浄化機構**　　生物膜の付着した円板が水中，空中と交互に出入りし，空中では，生物膜上に保持された汚水中に大気中から酸素が溶解し，その酸素を利用し有機物を酸化分解する（図 **3.26**）。回転円板法では，高次処理である硝化脱窒にも用いられる方法である。

3.7 下水汚泥からのバイオマスエネルギー

現在,地球温暖化対策として廃棄物である下水汚泥をバイオマスエネルギー(バイオガスなど)としてリサイクル処理することが,世界的に注目を浴びている。低炭素社会の構築に向けて下水道自体が,社会活動における炭素の循環のクローズドシステムを作り上げていくうえでの一助になりつつある。

3.7.1 汚泥処理順序と最終処分・有効利用

活性汚泥処理法等で,最初沈殿池の沈殿汚泥や最終沈殿池からの余剰汚泥は,生物学的に嫌気的に消化されバイオガスエネルギー(メタンガスとして)をとり,さらにその消化汚泥は処分・有効利用されている。図3.27にそのフローを示す。また,一方で下水汚泥を固形燃料化(炭化・油温減圧乾燥)することも行われている。バイオマスとして,下水汚泥以外の生ごみ・農業集落排水汚泥・浄化槽汚泥・し尿なども含めて,総合的にメタン発酵消化を行い,メタンガスを回収すると伴に消化汚泥を肥料等に還元することが進められている。

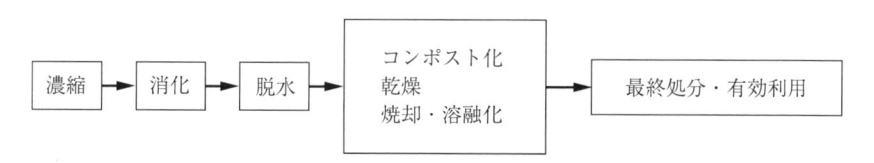

濃縮 → 消化 → 脱水 → コンポスト化 / 乾燥 / 焼却・溶融化 → 最終処分・有効利用

図3.27 汚泥処理のフロー

汚泥の最終処分・有効利用として以下の方法が挙げられる。
① 埋立て処分
② 焼却処分
③ 緑農地還元(肥料として)(重金属問題がある)
④ 汚泥の熔融化による有効利用:建設骨材,園芸骨材

3.7.2 汚泥の濃縮と消化

〔1〕 汚泥の濃縮　濃縮によって汚泥の減容化を図る。以下にその方法を大別する。

- 重力沈降法
- 浮上分離法
- 遠心濃縮法
- 機械濃縮

〔2〕 嫌気性消化　酸素が存在しない嫌気的環境下で汚泥中の有機物を絶対または通性嫌気性微生物によって分解し安定無害化する過程が嫌気性消化である。嫌気性消化の過程は次のようになる。

- 有機酸生成期　有機性固形物を酸生成菌の働きによって酢酸・ギ酸・酪酸等の有機酸に加水分解する過程。
- メタン生成期　メタン生成菌によって有機酸・アルコールを最終生成物であるメタン（CH_4）と CO_2 に分解するガス化過程（消化ガス）。現在，地球温暖化に優しい水素ガスの発生を促進させる研究がなされている。

また，消化方法は次の3つに分類される。

ⅰ) 一段消化：1つの消化槽で，酸生成とメタン生成が生じている
ⅱ) 二段消化：ただ単に，消化槽を2段化したもの
ⅲ) 二相消化：酸生成相とメタン生成相を2つに分離したもの

3.7.3 汚泥の脱水と乾燥・焼却

〔1〕 汚泥の脱水　消化汚泥については，脱水の前処理を行う。

① 汚泥の洗浄
② 凝集剤の添加（無機性凝集剤，有機性凝集剤，有機性のカチオン系高分子凝集剤）

脱水設備の種類を以下に挙げる。

① 真空脱水設備
② 加圧脱水設備

③ ベルトプレス脱水設備

④ 遠心脱水設備

〔2〕 汚泥の乾燥・焼却

① 多段焼却炉

② 流動焼却炉

③ 回転乾燥焼却炉

焼却では，ダイオキシンの発生の問題があるので，今後，焼却設備の改善や

コーヒーブレイク

活性汚泥の生き物たち

活性汚泥という世界を形づくっている生き物たちは，われわれ人間社会の職種の異なった人々が働き，エネルギー代謝，社会資本の形成，人口の維持増加を行っているのと同様に，汚水中の有機物であるエネルギーを代謝し，細胞外ポリマー（フロック形成物質）や貯蔵物質を形成し，維持増殖を行っている。

主に，固形や溶解性の有機物は種々のバクテリアの連携によって，加水分解，酸化，還元が行われ分解安定化される。これらのバクテリアの間には，人間社会と同様に共生や競合の作用が働いている。活性汚泥には，人間社会に存在しないバクテリアを捕食する原生動物や後生動物が存在している（恐竜時代だったら恐竜が人間を食べていたかもしれない）。この原生動物は一概に悪いものではなく，バクテリアを間引きし汚泥の減量化を行い，汚泥の新陳代謝の活性と分散菌を捕捉しろ過する働きをもち，清澄な処理水を得るために重要な役割を演じている。

このように活性汚泥は，小さいながらも複雑な生態系を形づくっており，この生態系内の食物連鎖によってエネルギーが流れ維持されている。現在，このような生態系内の増殖動向を調べるためにポピュレーションダイナミックスの研究が行われている。

図は，函館市の処理場の活性汚泥写真で，雲上になっているのがバクテリアの集合体で，原生動物であるつりがねむし（Vorticella）が付着している。

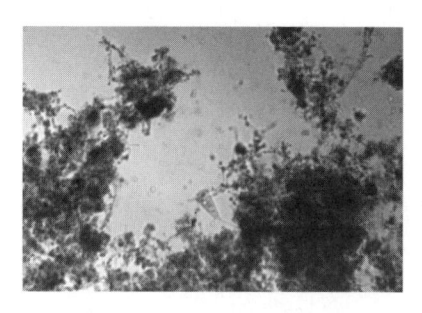

図 函館市の処理場の活性汚泥

焼却そのものの方法をとらない方向へと進むべきであり，炭化・堆肥化・溶融化による有効利用を考えるべきである。

3.8 下水の高度処理

高度処理は，活性汚泥法などの 2 次処理ではある目的を達成できない場合に，以下に示す要求目的のために行う処理である。
- 2 次処理では上乗せ基準などで強化された水質環境基準を達成できない場合
- 湖沼，内湾などの閉鎖性水域の富栄養化を防止する場合
- 下水処理水の再利用（景観水，親水公園などでの利用も含む）をする場合

高度処理の対象物質別による処理法の種類を列挙する。

① リン除去
- 凝集剤添加活性汚泥法
- 昌析脱リン法
- 嫌気―好気活性汚泥法

② 窒　素
- 硝化促進型活性汚泥法
- 循環式硝化脱窒法
- 硝化・内性脱窒法
- オキシデーションディッチ法と回分式活性汚泥法

③ リン・窒素同時
- 嫌気・無酸素・好気法
- 凝集剤併用型生物学的窒素除去

④ 残存溶解性有機物の除去　・粒状活性炭充塡層による吸着ろ過法

⑤ 残存浮遊物の除去　・吸着ろ過法

⑥ その他
- 生物膜ろ過法
- 膜分離法
- オゾン酸化法

以下に，わが国で行われている高度処理の例を挙げる。

3.8.1 微生物による窒素・リンの同時除去の例

【例3.1】 浜名湖の富栄養化防止

浜名湖の富栄養化の防止を図るため，その流域に位置する浜松市の3処理場が行っている微生物による窒素・リンの同時除去の例を示す。

この3処理場は浜松市の瞳ヶ丘浄化センター，湖東浄化センター，舘山寺浄化センターで，図3.28に処理フローを示す。3処理場の共通点は，生物反応槽への流入 BOD/N 比を高くするため最初沈殿地を設けていないことと，最終工程に砂ろ過池を設けたことである。図の処理フローに示しているように，3処理場で窒素・リンの除去法に多少の違いがある。以下に処理場の概略を示す。

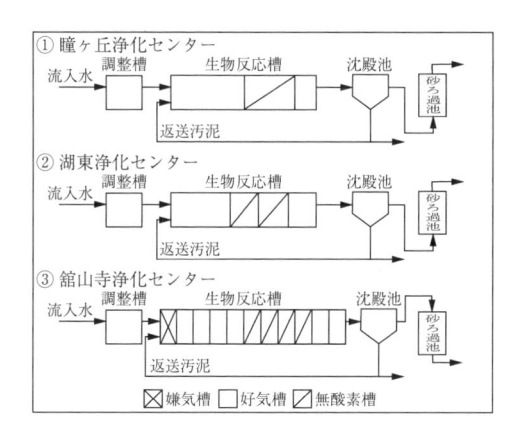

図3.28 処理フロー[8]

① 瞳ヶ丘浄化センター　生物反応槽の第一槽が硝化脱窒同時反応，第二槽の無酸素槽で脱窒を行い嫌気となったところで活性汚泥からリンを放出させ，第三槽を再曝気することでリンを吸着させる方法をとっている。

② 湖東浄化センター　硝化・内性脱窒法と凝集剤添加活性汚泥法を併用している。凝集剤として硫酸アルミニウムを使用している。

③ 舘山寺浄化センター　嫌気―好気活性汚泥法と硝化・内性脱窒法を併用している。

表3.15に，各処理場の流入下水と処理水の水質測定結果を示す。

表 3.15 流入下水と処理水の水質測定結果[8]

項　目	流入下水			処理水		
	瞳ヶ丘	湖東	舘山寺	瞳ヶ丘	湖東	舘山寺
pH	7.6	7.0	6.8	6.8	6.6	6.5
SS [mg/l]	130	180	79	1	2	1>
BOD [mg/l]	150	160	110	0.8	1.8	0.8
COD [mg/l]	55	59	42	6.0	4.8	4.2
T-N [mg/l]	33	36	21	2.6	6.8	2.4
NH4-N [mg/l]	18	17	11	0.5	1.0	0.1
NOX-N [mg/l]	0.2	0.2	0.2	1.5	5.2	1.9
T-P [mg/l]	5.0	6.0	5.0	1.0	0.8	0.7
PO4-P [mg/l]	2.7	2.1	2.9	0.9	0.7	0.6

【例 3.2】　広瀬川の水質保全

宮城県仙台市を流れる広瀬川で設定されている条例を達成するために，目標放流水質を BOD 3 mg/l，SS 5 mg/l，T-N 7 mg/l として，これに適合可能な嫌気・好気性活性汚泥法と砂ろ過法を採用している。図 3.29 に処理フローと表 3.16 に 1994 年度共用開始時の処理水質データを示す。

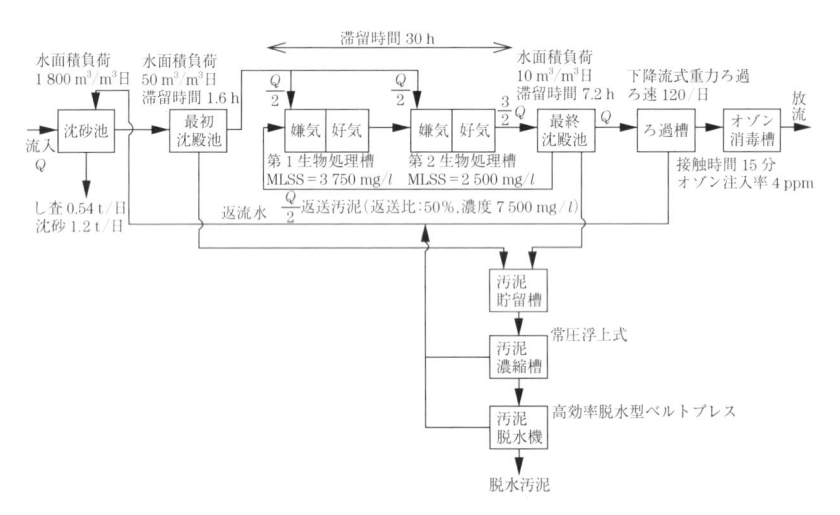

図 3.29　処理フロー[8]

表 3.16 下水処理水質データ (mg/l)[8]

項目	4/14		4/21		5/12		5/20	
	流入	放流	流入	放流	流入	放流	流入	放流
pH	7.52	7.76	7.75	7.90	7.40	7.50	7.31	7.32
BOD	225	1.3	210	1.2	113	2.0	120	1.6
SS	147	<0.5	158	<0.5	92	<0.5	118	<0.5
T-N	30.8	1.47	30.8	1.43	1.93	1.61	19.7	1.96

3.8.2 膜ろ過による超高度処理

膜ろ過を使って,超高度処理をすることによって親水公園(せせらぎの里)の水として再利用可能としている東京都下水局落合処理場の例を示す。

【例3.3】 親水公園としての処理水再利用

この処理場では,高度処理水(砂ろ過)を前処理した後,精密ろ過と逆浸透法によって超高度処理を行っている。

① 精密ろ過法　砂ろ過水をストレーナに通水してから,PACを少量添加し精密ろ過膜によって処理する,ここでは,中空糸型の精密ろ過膜によって源水中のSS,濁度,大腸菌をろ過する。

② 逆浸透法　精密ろ過膜でろ過された処理水を逆浸透膜で処理し,水中の溶解性有機物(BOD,COD),色度,臭気,発泡性成分,栄養塩(P,N)を分離除去する。

この設備は50 m^3/日と小規模のため,造水コストが割高となっているが,より低廉なろ過水の供給を可能にしていくことを今後の課題としている。

(a) 精密ろ過膜構造図　　(b) 逆浸透膜構造図

図 3.30　精密ろ過膜構造と逆浸透膜構造

図 3.30 に精密ろ過膜構造と逆浸透膜構造を示す。表 3.17 は膜ろ過水水質分析結果である。

表 3.17 膜ろ過水水質分析結果[8]

砂ろ過水	逆浸透膜ろ過水	国土交通省親水用水目標水質（案）
大腸菌群数＝180 個/100 ml	不検出	50 個/100 ml
ATU-BOD＝1.0 mg/l	1 mg/l 以下	3 mg/l 以下
pH＝7.5	6.6	5.8〜8.6
臭気＝かび臭	無臭	不快でないこと
色度＝24 度	1 度以下	10 度以下
COD＝7.7 mg/l	0.5 mg/l 以下	—
SS＝1 mg/l 以下	1 mg/l 以下	—
アンモニア性窒素＝4.8 mg/l	1.1 mg/l	—
全リン＝0.51 mg/l	0.06 mg/l	—

3.9　下水道施設の維持管理

下水道施設の維持管理には，大きく分けて管路施設と処理場における場合がある。

3.9.1　管路施設の維持管理

管路施設の維持管理として，点検調査・清掃・補修の作業は定期的に行われ，下水処理施設の運転等の維持管理にとっても重要な作業となっている。

管路内の清掃は，主に堆積物を除去することで，以下に示す障害を予防する役割を果たしている。

・下水流下の障害
・有機物の分解による H_2S の臭気発生
・H_2S の酸化によるコンクリート腐食反応
・H_2S による機器の腐食
・雨天時のフラッシュアウト

・管内で増殖した放線菌による処理機能障害

表 3.18 に 1997 年度の管路施設の維持管理状況を示す.

表 3.18 管路施設の維持管理状況

管路延長	282 956 km（累計）
調査延長 　目視 　TV カメラ	11 441 km/年 （内訳）70.2 % 　　　　29.8 %
清掃延長	10 906 km/年
維持管理費 　人件費 　清掃費 　調査費 　補修費 　その他	124 667 百万円 37 358 19 551 6 990 44 139 16 629

管路施設の修繕・改築に関しては，LCC（life cycle cost）の概念を用い，下水道管路施設に障害が生じる前に事前に修繕・改築をし，経済的に予防する必要性がある．管路施設は主にコンクリート管で構成されており，そこに発生する劣化状況は，**図 3.31** に示すコンクリート管の改築原因となっている．**表 3.19** に管渠の改築・修繕工法を示す．**図 3.32** は，下水管路を修繕するダンビー工法の様子を示したものである．

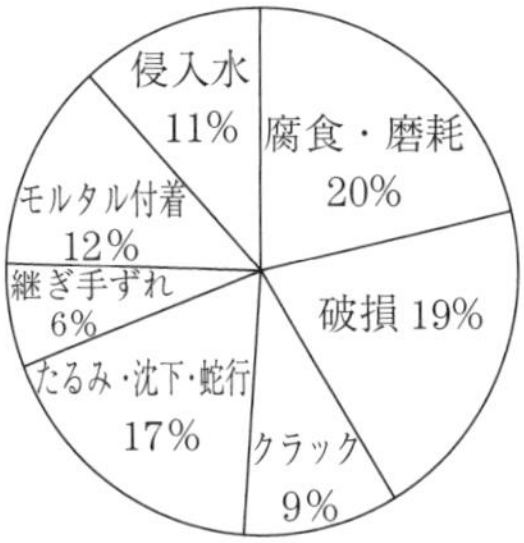

表 3.19 管渠の改築・修繕工法

修繕工法	止水工法	注入工法 リング工法（止水バンド） シーリング工法 コーキング工法
	部分補強工法	開削工法 非開削工法（内面補強工法）
	ライニング工法	
改築工法	更正工法 （主に内面補強）	反転工法 製管工法 鞘管工法
	布設替え工法	開削工法 改築推進工法

図 3.31 コンクリート管の改築原因

（円グラフ：腐食・磨耗 20%，破損 19%，クラック 9%，たるみ・沈下・蛇行 17%，継ぎ手ずれ 6%，モルタル付着 12%，侵入水 11%）

96　3. 下　水　道

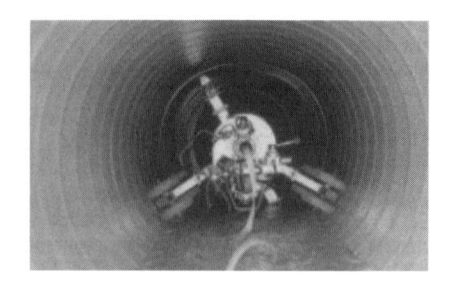

図 3.32　下水管路を修繕するダンビー工法

3.9.2　処理場の維持管理

処理場の維持管理は，ポンプ，ブロアなどの設備的な維持管理があるが，それらと関連して，良好な処理水を維持しつづけていくという処理場の制御の問題が重要である。最近，複雑系の科学が注目されているが，この分野の1つであるファジイ，ニューラルネットワーク，遺伝的アルゴリズム（GA）などの手法を融合させた制御技術が発達しており，人間の制御である経験を蓄積しあるいは蓄積しつつあるデータを学習し，計算機を用い制御していく方法が開発され，すでに，浄水場での制御等に適用されている。

3.10　下水道整備と市民

3.10.1　下水道事業の展開

21世紀社会における下水道事業は，社会構造（人口減少や少子高齢化，産業構造）やライフスタイル（豊かな生活環境を求める市民のニーズ）の変化に対応しなければならない。そのため，環境・エネルギー問題（気候変動や鉱物資源の枯渇，地球規模の環境・エネルギー問題の深刻化，生物多様性の喪失）についての理解は不可欠である。2006年に国土交通省都市・地域整備局下水道部および（社）日本下水道協会は中長期的視点から見た21世紀の下水道のあり方に関する提言をまとめた[10]。これによれば，21世紀の地域社会のあるべき姿を「節約・循環」，「健康」，「安全」，「環境」，「快適」，「活力」の視点で捉え，持続可能な循環型社会の構築により「美しく良好な環境」，「安全な暮ら

3.10 下水道整備と市民

し」,「活力ある社会」の実現を目指すこととした。また，2007年に実施された全国アンケート事業統計等の諸数値をもとに以下の下水道事業の主要課題を見出した。

1) 未普及解消
2) 災害の防止（浸水解消，地震対策）
3) 機能高度化（高度処理，合流改善，資源・エネルギー対策）
4) 改築更新
5) 経営の安定

これらの課題に対する関心は行政規模により異なる（**表3.20**）。このような社会を実現するために，これからの下水道事業が果たすべき使命と担うべき役割を**図3.33**に示す。21世紀における下水道事業の展開は，従来の公共用

表3.20 下水道事業の課題や取組み

（1）老朽化した施設の更新	（5）技術革新
（2）要求水準の高度化	（6）資金確保
（3）事業コストの増大	（7）民間委託・アウトソーシング
（4）市民参画・合意形成	

下水道の使命

下水道の有する多様な機能を通して，循環型社会への転換を図り，21世紀社会における美しく良好な環境の形成並びに安全な暮しと活力のある社会の実現を目指すこと

下水道の役割

| 美しく良好な環境を創造する
1. 省資源・省エネルギーを実現する
2. 良好な水環境を確保する | 安全な暮らしを支える
1. 国民の生命，財産を守る
2. 健康な暮しを守る |

活力ある社会を支える
1. 快適と潤いを創出する
2. 魅力ある地域づくりを支える

図3.33 下水道の使命と役割

水域の利水目標値としての環境基準を達成するという行政主導の観点から、市民のより高い要求水準を満足するために水辺生態系や水辺空間の保全・再生という住民対話の観点へ移行していく。

このように、中小規模の市町村における下水道整備の促進が今後期待されるが、下水道事業は長期の建設期間と多額の投資を必要とするので、建設投資は計画的に行われなければならない。公共投資が削減されている中で地方都市が健全な財政を維持しつつ下水道を普及させるためには、地域の安定した経済活動と下水道の普及に対する市民の理解と協働が前提となる。下水道を敷設しても接続率が低ければ、投資が無駄に終わるばかりか地域の水環境の再生は望めない。未接続の要因は、家計負担の増加、居住者の高齢化、家屋の老朽化、単独式浄化槽の稼働などが挙げられる。環境保全にどれだけ市民がお金を払ってもよいのかは、各自の下水道の役割に対する理解とその価値観に左右される。社会的コンセンサスを形成するためには、下水道接続の意義や未処理水が水環境に与える影響をわかりやすく説明することが大切である。

3.10.2 下水道事業マネジメント

このように地方財政の現状を踏まえると、これからの下水道事業に関わるシビルエンジニアの役割は、下水道施設の計画段階においてその方向性を見極めることにある。そのために行政とともに地域住民に事業の必要性を説明し、住民の意見をくみ上げる能力が要求される。すなわち、これからの技術者には地域の個性（自然環境、生態系、社会的、地理的条件、水に関わる文化）をどのように折り込んで下水道事業を展開するかというビジョンが要求される。また、計画、建設、管理などの各段階において事業マネジメント手法の構築により、健全な下水道経営の確立を図る必要がある（**表3.21**）。そのために**表3.22**に示すような中長期的なマネジメントが必要となる。

マネジメント手法の構築、経営マネジメント、人材マネジメントの観点から、現状と課題を分析し、10年後の目標を達成するための具体的施策について検討されている（**表3.22**）。特に、包括的な運転管理業務の民間委託や飲

表 3.21 下水道経営の現状（地方公営企業年間：1999 年度）上段：歳入　下段：歳出

費用区分	事業内容	経費区分〔％〕	農業集落排水	公共下水道	林業集落排水
（1）下水道管理費（維持管理費）	浄化センターや下水道管を維持管理するための費用（浄化センターの電気代や汚泥を処分する費用や施設を運転する費用）	下水道使用量	13	0	68
		市税（繰り入れ）	87	100	32
（2）下水道建設費（建設費）	浄化センターや下水道管を建設したり老朽化したものを更新したりするための費用	受益者負担	93	97	93
		建設費計	6.6	3.5	6.7
（3）元金・利子償還金（資本費）	建設するための費用のうち，国の補助金（ほぼ同額の市税も必要）や受益者から事前に徴収する費用（負担金）を除いた分の大部分は国から借金をする。利用可能者から使用料に含めて徴収する。	下水道使用量	100	61	100
		市税（繰り入れ）	0	39	0

表 3.22 下水道事業の中長期的なマネジメントの考え方

区分	内容
（1）マネジメント手法の構築	・アセットマネジメント手法の導入による資産管理 ・業務指標（PI）等の開発 ・制度改正　等
（2）経営マネジメント	・中長期的な下水道経営計画の策定 ・業務指標（PI）等の導入 ・下水道管理費，使用量設定の改善
（3）人材マネジメント	・職員の資質向上 ・広域的管理体制の整備 ・退職技術者の活用　等

料水および下水サービス活動の国際規格（ISO 24510 s）は，上下水道事業の効率化とサービスの向上を目指すもので，行動リストと業務指標（PI, public involvement）を規定している。この適正な利用により継続的にサービスを改善し，評価することが可能となる。

3.10.3　市民の生物指標による水質監視

下水道整備によって身近な河川や水路の水質が改善されたかを市民はどのよ

うに実感できるであろうか。河川や水路の有機性汚濁（BOD，生物化学的酸素要求量，**3.5**節参照）を定性的に測る方法に指標生物を用いる方法がある。カゲロウやトビケラなどの水生生物相と水質階級とは密接な関係がある。ユスリカもその指標の1つで河川，小水路，湖沼，ダムなど様々な水辺に生息している。特に下水道の整備の遅れにより，生活排水が流入する河川やコンクリート護岸に改変され，河床が単調化した河川で大量に発生し，全国各地で身近な生活害虫として問題になった[11]。これらの生物は下水道整備の必要性とその対策の不備に対して警鐘を鳴らしていた。

その後，下水道整備による水質が改善や発生抑制策がとられたことでこの問題は沈静化してきた。しかし，下水道未整備地域や整備しても規制外の排水量が少ない小事業所とくに地場産業からの排水を受ける河川や水路ではいまだに顕在化している。このような問題を解決するために，行政，事業所，市民，研究機関，NPO活動団体などの役割を明らかにし，持続可能な組織づくりをしていかなければならない。また，種々の手法を試行錯誤することで，現状の社会・経済的状況下で最適解を導くことができる。下水道整備に伴って，里地の水路の水質を改善することと水路の構造，周辺環境の改善を行うことで，魚類やホタルなど身近な水辺の生物の復活が期待できる。

演 習 問 題

【1】 基礎家庭汚水量を380 l として，また用途地域別の営業用水率と定住人口を**表3.23**に示した場合の，1人1日最大汚水量と日最大汚水量を算出しなさい。

表 3.23

用途地域	営業用水率	定住人口〔千人〕
商 業	0.6	30
住 居	0.3	180
準工業	0.5	20
工 業	0.2	15

【2】 面積70 ha，流出係数0.8，流達時間25分，降雨強度 $I=4\,800/(t+45)$ の地域で，降雨継続時間＝流達時間のときに雨水流出量の最大値が現れることを，

A降雨（継続時間 $t=10$ 分），B降雨（$t=25$ 分），C降雨（$t=40$ 分）として説明しなさい。

【3】 試料 100 ml を孔径 1 μm のガラス繊維でろ過し，ガラスろ紙を蒸発乾固させ，残存物を測定したところ 0.023 g であった。さらに 600℃で 30 分間強熱し残存物を測定したところ 0.012 g であった。SS，VSS，浮遊無機物はいくらか。

【4】 pH 7.5 の水 50 l と pH 2.0 の酸性水 2 l を混合した後の pH はいくらか。ただし，水酸基イオン以外の水素イオンを消費するアルカリ度は，存在しないものとする。

【5】 以下の設計条件で管渠を設計しなさい。設計区域は**例題 3.4** の①②③⑧⑨の管路。

設計条件：
a）排除方式は合流式とする。　b）降雨強度式は $I=4800/(t+45)$
c）流出係数 $C=0.7$ とする。　d）流入時間 5 分とする。
e）管内仮定流速を 1.2 m/s とする。　f）1 人 1 日最大汚水量を 450 l とする。
g）人口密度を 250 人/ha とする。　h）時間最大汚水量は日最大に対し 1.5 とする。

【6】 BOD 250 mg/l，流入下水量 15 000 m^3/day の下水を標準活性汚泥法によって処理する。下記の設計条件に従い最初沈殿池と曝気槽を設計しなさい。

1）最初沈殿池

最初沈殿池 BOD 除去率	20 %
水面積負荷率	40 m^3/(m^2・day)
池数	2 池
沈殿時間	2 h
幅と長さの比	1：5
越流堰負荷率	200 m^3/(m・day)

（設計項目）
① 沈殿池流出 BOD 濃度　② 1 池の必要容量　③ 所要水面積　④ 有効水深
⑤ 幅および長さ　⑥ 所要越流堰長

2）曝気槽（旧式の設計方法を用いて）

MLSS	2 000 mg/l
BOD-SS 負荷	0.3 kgBOD/(kgMLSS・day)
槽の水深 5 m，幅 5 m	
配置　5 ツ折	
曝気槽 BOD 除去率　95 %	
汚泥返送比　0.25（対下水量）	
送気量　30 送気量 m³/除去 BODkg	

(設計項目)
① 必要容積　② 槽の形状（図も書く）　③ 曝気時間　④ 所要空気量　⑤ 放流水 BOD

【7】 硝化反応・脱窒反応について，それらの反応や関与する細菌について参考書や文献を調べまとめなさい。

【8】 LCA（ライフサイクルアセスメント），LCC（ライフサイクルコスト）について調べ，処理場，下水管の建設や維持管理にどのような関係にあるかを述べなさい。

4

水　環　境

　2章では上水道の原水水質基準，3章では下水道の放流水質基準について理解した。ここでは，水道水源および放流先の公共用水域における水質汚濁の指標と基準およびその現象について学習する。これらの水環境における物質循環は媒質である水の水理学的挙動すなわち移流・拡散現象と汚濁物質の物理化学的，生物学的作用を考慮した数学モデルにより記述される。適当な初期条件，境界条件のもとで解析する手法について述べる。

4.1　水環境と汚濁モデル

　地球に存在する水は，水蒸気や氷河を除けば，河川，海域，湖沼，地下水（湧水）などわれわれが直接利用できる水資源として存在しており，これらは様々な生物の生息の場にもなっている。これらを総称して**水環境**と呼ぶ。水環境の水質汚濁現象は，水の運動，汚濁物質の種類と負荷量，溶存酸素濃度およびそれらを利用する微生物群集の存在形態などによって異なる。

　水の運動は水の流れ（移流・対流）と拡散（分子拡散，乱流拡散，分散）があり，個々の水環境に特徴的である。汚濁物質は，浮遊性または溶解性の形態で存在し，さらにそれぞれ有機物と無機物に分類される。また，保存物質と非保存物質という分類方法もある。その物性の違いによって汚濁のメカニズムも複雑なものとなる。また，微生物やプランクトンなどは浮遊性か固着性（河床の石など担体表面に付着して存在）かによって多様であり，したがって，その浄化のメカニズムも多様である。さらに水生植物，水生生物などの存在によって大きく影響を受けることがある。これらの現象を汚濁物質の動態に関する数

学的モデルを用いて考えてみる。

4.1.1 河川の水質汚濁モデル

〔1〕 汚濁現象のモデル化 河川に排出された汚濁物質が保存物質の場合(対象としている河川系全体で物質の入出力,蓄積量の収支がとれる場合),移流,拡散,吸着,沈殿,溶出などの作用によってその濃度が変化する。しかし,水中で化学変化を起こしたり,生物学的に酸化分解されたりする非保存物質の場合は,その濃度が時間的あるいは場所的に変化するとともに質的に変換され系外(大気)に放出される場合がある。このような作用により,河川に排出された汚濁物質の濃度が低減していく過程を自然浄化作用(自浄作用,self purification)といい,河川の水質汚濁解析をするうえで重要となっている。汚濁物質が有機物の場合は,生物学的分解過程が重要であり,特に炭水化物,タンパク質は,酸化分解の結果,炭酸ガス,水,アンモニア,硝酸,窒素ガスなどの最終産物となり無機化されるとともに系外へ放出されることによって水は浄化される。

ここで,汚濁物質の動態に関する数学的モデルを用いて考えてみよう。汚濁物質が濃度に関して,一次反応的に減衰するとし,移流拡散の影響を考慮すると,一般的な微分方程式は式 (4.1) のように示される。

$$\frac{\partial C}{\partial t} = \left[\frac{\partial}{\partial x}\left(D_x \frac{\partial C}{\partial x}\right) + \frac{\partial}{\partial y}\left(D_y \frac{\partial C}{\partial y}\right) + \frac{\partial}{\partial z}\left(D_z \frac{\partial C}{\partial z}\right)\right]$$
$$- \left[\frac{\partial}{\partial x}(uC) + \frac{\partial}{\partial y}(vC) + \frac{\partial}{\partial z}(wC)\right] - KC \qquad (4.1)$$

ここで,C:濃度〔M/L^3〕,D_x,D_y,D_z:x,y,z方向の拡散係数〔L^2/T〕,u,v,w:x,y,z方向の流速〔L/T〕,t:時間〔T〕,K:減衰係数〔1/T〕とする(M:質量の単位,L:長さの単位,T:時間の単位)。

ここで,一次元等流を仮定し,さらに拡散係数が場所的に一定とすると式 (4.1) は式 (4.2) のようになる。

$$\frac{\partial C}{\partial t} + u\frac{\partial C}{\partial x} = D\frac{\partial^2 C}{\partial x^2} - KC \qquad (4.2)$$

さらに，汚濁物質が瞬間的に M 〔M/L²〕だけ投入されたとき，式 (4.2) を解くと式 (4.3) が得られる。

$$C = \frac{M}{\sqrt{4\pi Dt}} \exp(-Kt - (x-ut)^2/4Dt) \tag{4.3}$$

〔**2**〕 **再曝気のモデル**　　河川水中の飽和溶存酸素濃度は，水温，塩分の影響を受ける。水中の溶存酸素がこの値を下回ると，大気と水の境界面より酸素が補給される。この現象を**再曝気** (re-aeration) といい，河川水中の溶存酸素の時間変化は式 (4.4) で表される。

$$\frac{dC}{dt} = K_2(C^* - C) \tag{4.4}$$

ここで，C：河川水中の溶存酸素濃度〔mg/l〕，C^*：河川水中の飽和溶存酸素濃度〔mg/l〕，K_2：再曝気係数〔1/T〕とする。$D = C^* - C$ を酸素不足量とすると式 (4.4) は式 (4.5) のようになる。

$$\frac{dD}{dt} = -K_2 D \tag{4.5}$$

O'Conner と Dobbins は，再曝気係数が水深，流速，河床勾配などによって変化するとして，この値を非等方性乱流と等方性乱流の場合に分けて定式化している。

非等方性乱流（水深 H が約 1.5 m より小さい場合）

$$K_2 = 2.41 \times 10^5 \frac{D_m^{\frac{1}{2}} S^{\frac{1}{4}}}{H^{\frac{5}{4}}} \tag{4.6}$$

等方性乱流（水深 H が約 1.5 m より大きい場合）

$$K_2 = 8.61 \times 10^4 \frac{(D_m U)^{\frac{1}{2}}}{H^{\frac{3}{2}}} \tag{4.7}$$

ここで，D_m：酸素の分子拡散係数〔m²/s〕，U：平均流速〔m/s〕，H：平均水深〔m〕，S：河床勾配〔−〕とする。

酸素の水中での分子拡散係数は水温に依存し，式 (4.8) により求められる。

$$D_m = 2.037 \times 10^{-9} (1.037)^{T-20} \tag{4.8}$$

ここで，T：水温〔℃〕，D_m：水中での分子拡散係数〔m²/s〕とする。

このことから,再曝気係数もまた水温の関数となることがわかり,20°Cを基準として式 (4.9) のように与えられている。

$$K_T = K_{20}(\theta)^{T-20} \tag{4.9}$$

ここで,K_T:T〔°C〕における再曝気係数〔1/s〕,θ:温度係数(1.015〜1.047)とする。

〔3〕 **Streeter-Phelpsの式** 河川に排出されたBOD(生物化学的酸素要求量)を微生物が酸化分解する際に水中の溶存酸素を消費する。このときのBODの酸化反応を一次反応と仮定するとBODの酸化速度は式 (4.10) で表される。

$$\frac{dL}{dt} = -K_1 L \tag{4.10}$$

ここで,L:BOD〔mg/l〕,K_1:脱酸素係数〔1/s〕である。なお,K_1は,実際の河川水を用いた室内BOD試験により求めることができる。

河川の溶存酸素濃度の時間変化は,微生物による酸素消費速度と再曝気の収支で示すことができ,式 (4.5),(4.10) より式 (4.11) のように表される。

$$\frac{dC}{dt} = -K_1 L + K_2(C^* - C) \tag{4.11}$$

$D = C^* - C$ の両辺を t で微分すると $dD/dt = -dC/dt$ となるので,式 (4.11) は,式 (4.12) のようになる。

$$\frac{dD}{dt} = K_1 L - K_2 D \tag{4.12}$$

以上より,式 (4.10) と式 (4.12) をまとめて式 (4.13) で示される。

$$\begin{aligned}\frac{dL}{dt} &= -K_1 L \\ \frac{dD}{dt} &= K_1 L - K_2 D\end{aligned} \tag{4.13}$$

これをStreeter-Phelpsの式という。この式を $t=0$ で $L=L_0$,$D=D_0$ の初期条件のもとで解くと式 (4.14) が得られる。この D に関する式を溶存酸素垂下曲線という。

$$L = L_0 e^{-K_1 t}$$
$$D = \frac{K_1 L_0}{K_2 - K_1}(e^{-K_1 t} - e^{-K_2 t}) + D_0 e^{-K_2 t} \qquad (4.14)$$

ここで，酸素不足量 D が最大になるのに要する時間（流下時間）t_c と酸素不足量 D_c は，式（4.14）を時間微分して式（4.15）のように求められる。

$$t_c = \frac{1}{K_2 - K_1} \ln \frac{K_2}{K_1} \left[1 - D_0 \frac{K_2 - K_1}{K_1 L_0} \right]$$
$$D_c = \frac{K_1}{K_2} L_0 e^{-K_1 t_c} \qquad (4.15)$$

脱酸素係数 K_1 に関しても，再曝気係数と同様に温度の関数となり，20°Cを基準として式（4.16）で表される。

$$K_{1(T)} = K_{1(20)} (\theta)^{T-20} \qquad (4.16)$$

ここで，$K_{1(T)}$：T〔°C〕における脱酸素係数，θ：温度係数である。

Fair は式（4.15）における K_2/K_1 の比を f とおいて，これを自浄係数と定義した。f の値が小さいほど酸素不足により河川が嫌気状態になることが懸念される。**表 4.1** に Fair の自浄係数を示す。

表 4.1 Fair の自浄係数

河川および湖の状況	f 値
小さな湖沼，河川背水部	0.5～1.0
ゆるやかな流れ，大きな湖	1.0～1.5
緩流の河川	1.5～2.0
急流の大河川	2.0～3.0
急流	3.0～5.0
滝など	5.0 以上

4.1.2 湖沼の水質汚濁モデル

湖沼など閉鎖的な水環境では，沖合よりも水際である沿岸域での物質動態が重要となる。このような沿岸域は，陸域と水域の遷移領域であり，生態学的に**エコトーン**と呼ばれる重要な役割を担っている。一方で，コンクリート護岸などエコトーンが改変された湖や人造湖は単純な1つの大きな完全混合反応槽として物質の動態を考えることができる。

〔**1**〕**沿　岸　域**　　沿岸域は，エコトーンで定義されるように陸域と湖沼の2つの異なる生態系の接点であり，それらの遷移領域と認識される。このよ

うな領域には，多様な生物が存在し，多様な生態系を形づくるとともに湖沼の浄化機構に大きく関与する．図 **4.1** に沿岸域の模式図を示しているが，炭素および栄養塩である窒素やリンなどの物質およびエネルギー循環を担っている．

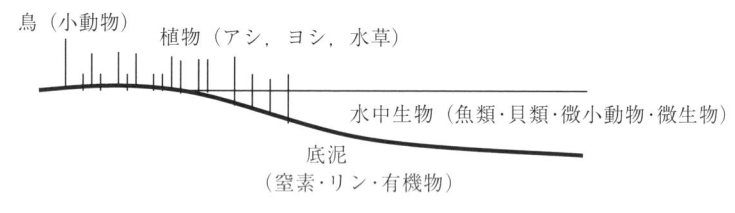

鳥（小動物） 植物（アシ，ヨシ，水草）

水中生物（魚類・貝類・微小動物・微生物）

底泥
（窒素・リン・有機物）

図 **4.1** 沿岸域の模式図

〔2〕 **沖　　合**　沖合では，浮遊性あるいは遊泳性の動植物プランクトンが主役となり，物質の動態に影響を与えている．沖合は，物質が均一に分布しているとして完全混合槽として扱い，深い湖などでは，有光層と無光層として二分割して扱う必要がある．前者は植物プランクトンによる生産層，後者は分解層である．

〔3〕 **湖沼の流動モデル**　湖沼での流動は，主に吹送流・密度流があり，その他に大きな湖の場合はコリオリ力を考慮する必要がある．Navier－Stokes の運動方程式と連続方程式を水深方向で積分すると式（4.17）が得られる．

$$\frac{\partial u}{\partial t} + u\frac{\partial u}{\partial x} + v\frac{\partial u}{\partial y} - fv = -g\frac{\partial \zeta}{\partial x} - \frac{1}{h+\zeta}\cdot\frac{\tau_{bx}}{\rho} + \frac{1}{h+\zeta}\cdot\frac{\tau_{wx}}{\rho}$$
$$+ K_L\left(\frac{\partial^2 u}{\partial x^2} + \frac{\partial^2 u}{\partial y^2}\right)$$

$$\frac{\partial v}{\partial t} + u\frac{\partial v}{\partial x} + v\frac{\partial v}{\partial y} - fu = -g\frac{\partial \zeta}{\partial y} - \frac{1}{h+\zeta}\cdot\frac{\tau_{by}}{\rho} + \frac{1}{h+\zeta}\cdot\frac{\tau_{wy}}{\rho} \quad (4.17)$$
$$+ K_L\left(\frac{\partial^2 v}{\partial x^2} + \frac{\partial^2 v}{\partial y^2}\right)$$

$$\frac{\partial \rho}{\partial t} + \frac{\partial}{\partial x}\{(h+\zeta)u\} + \frac{\partial}{\partial y}\{(h+\zeta)v\} = 0$$

ここで，u, v：水深方向に積分した x 方向，y 方向の流速〔L/T〕，f：コリオリ係数〔1/T〕，g：重力加速度〔L/T^2〕，ζ：水位変化〔L〕，h：平均水深

[L], K_L：水平方向渦動粘性係数〔L^2/T〕, τ_{bx}, τ_{by}：湖底でのx方向, y方向の摩擦力〔F/L^2〕, τ_{wx}, τ_{wy}：湖面でのx方向, y方向の風による摩擦力〔F/L^2〕である。

式(4.17)は，湖沼の沿岸域あるいは比較的浅い湖沼の流動を2次元表示したものであり，この方程式を水深方向に2層に分けて解析することも可能である。また，3次元のNavier—Stokesの運動方程式を解析することも可能である。

湖沼の沖合や比較的深い湖沼では，春夏秋冬の季節によって温度躍層が生じ深さ方向に停滞したり流動したりする。**表4.2**に，季節による温度躍層と流動についてまとめる。

表4.2 湖沼の季節による温度躍層と流動

冬季	表層0℃前後，深層部4℃近く（密度大） ゆるやかな成層化（温度躍層の形成）
春季	表層温度上昇し深層部との密度差がなくなる 吹送（風）によって水のかくはんが起こり，表層水と深層水とが混合：循環期
夏季	表層温度がさらに上昇し，表層と深層の密度差が大きくなり，成層化が強くなる（温度躍層の形成）
秋季	表層温度低下，表層水と深層水との密度差なくなる。春季と同じ現象：循環期

〔4〕 **完全混合反応槽モデル**　図4.2は，貯水容量V〔L^3〕の湖沼貯水池における流出入水量の収支模式図である。QをCに置き換えると流出入する物質の濃度となる。ここで，Q_i：河川からの流入流量〔L^3/T〕, C_i：河川からの流入物質濃度, Q_r：雨量〔L^3/T〕, C_r：雨に含まれる物質の濃度〔M/L^3〕, Q_p：ポイント負荷による流入量〔L^3/T〕, C_p：ポイント負荷の濃度〔M/L^3〕, Q_n：ノンポイント負荷による流入量〔L^3/T〕 C_n：ノンポイント負荷の濃度〔M/L^3〕, Q_u：地下水流入量〔L^3/T〕, C_u：地下水中の物質濃度

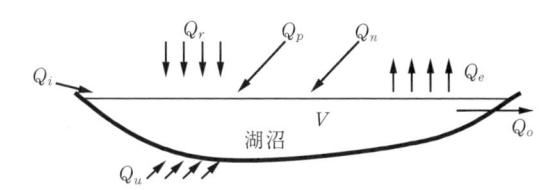

図4.2 流出入水量の収支模式図

〔M/L³〕, Q_o：河川水として流出する流量〔L³/T〕, Q_e：蒸発量〔L³/T〕とする。

図を参考に，湖沼を完全混合反応槽モデルと考え，単位時間当りの湖沼の物質収支をとると，式 (4.18) となる。

$$\frac{d(CV)}{dt} = (Q_iC_i + Q_rC_r + Q_pC_p + Q_nC_n + Q_uC_u - Q_oC) - KCV \tag{4.18}$$

ここで，左辺に積の微分公式を用いると $\frac{d(CV)}{dt} = V\frac{dC}{dt} + C\frac{dV}{dt}$ となる。また，流入を $I = Q_iC_i + Q_rC_r + Q_pC_p + Q_nC_n + Q_uC_u$ とおくと，上式は

$$\frac{dC}{dt} = \frac{I}{V} - \left\{K + \left(Q_o + \frac{dV}{dt}\right)\Big/V\right\}C \tag{4.19}$$

となり，さらに $K + (Q_o + dV/dt)/V = \alpha(t)$ とおくと

$$\frac{dC}{dt} = \frac{I}{V} - \alpha(t)C \tag{4.20}$$

となる。

ここで，湖沼の水量変動がほとんどないものと考えると，$dV/dt = 0$ となり $\alpha(t) = \alpha = \text{const.}$ となる。

$$\frac{dC}{dt} = \frac{I}{V} - \alpha C \tag{4.21}$$

上式を $t=0$ で $C=C_0$ の初期条件で解くと

$$C = \frac{I}{\alpha V}(1 - e^{-\alpha t}) + C_0 e^{-\alpha t} \tag{4.22}$$

となる。ここで，$t \to \infty$ の平衡状態を考えると，$C = I/(\alpha V)$ となる。よって，湖沼の物質濃度は漸近的に $C = I/(\alpha V)$ に近づく。

4.1.3 海域の水質汚濁モデル

閉鎖性海域は，湖沼と同様に沿岸域（エコトーン）と沖合に分けることができる。エコトーンとして干潟が重要な役割を果たしている。閉鎖性海域としては，瀬戸内海などの海域のほか，東京湾・三河湾・大阪湾などの内湾，港湾や

入り江などが挙げられる。このような閉鎖性水域では，流入河川からの汚濁負荷の低減が課題となっている。汚濁負荷量はその流域の土地利用および開発の状況によって変化するが，ノンポイント汚染源対策および窒素・リンの総量規制対策が急務となっている。

〔1〕 流　動　　海域の流動は，閉鎖性水域である湖沼での運動方程式（Navier Stokesの方程式にコリオリ力を考慮して水深方向に積分したもの）と同様のもので解析できる。河川などの淡水の海域への流入は，2層に分けて方程式を立て解くことが可能である。

〔2〕 有機物汚濁と富栄養化　　閉鎖性海域に窒素，リンなどの栄養塩が流入し富栄養化が進むと，植物性プランクトンの大量発生による赤潮が生じる。陸域からの栄養塩の流入の主因は生活排水や農業排水であり，また森林減少による流出も影響しており，流域において総合的対策を講じる必要性がある。その他の制限因子には微量栄養塩（微量金属やビタミン類）も関与していると考えられている。閉鎖性海域に流入する有機物や赤潮によって生じた藻類が底層に沈降し，微生物により酸化・分解されると底層が貧酸素状態となる。この貧酸素水塊が吹送流や密度流で海上に上昇すると，青潮と呼ばれる現象が生じ魚介類の生存に多大な影響を与える。また，河口付近では塩水クサビの下層での有機物沈殿による貧酸素状態が生じる。こうして，青潮が発生すると，赤潮－青潮のサイクルが繰り返されるようになり，閉鎖性水域の末期的状態となる。

〔3〕 海域の生態系　　干潟などのエコトーンでは，有機物を代表する炭素は図 4.3 に示すような循環をしている。

図 4.3　干潟などのエコトーンでの炭素の循環

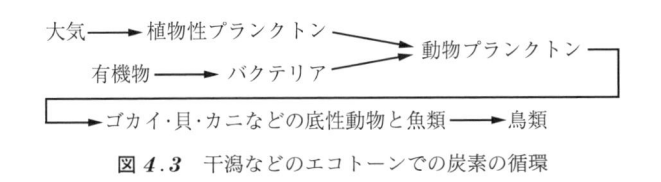

以下に，海域での炭素の循環例を図 4.4 に示す。食物連鎖によって，農薬類，重金属，有機スズ化合物などの有害物質が生物濃縮する危険性がある。

大気 ──→ 植物性プランクトン
有機物 ──→ バクテリア ──→ 動物性プランクトン ──→ 魚類

図 4.4　海域での炭素の循環

4.1.4　地下水および土壌の汚染

図 4.5 に示すように地下は透水層と不透水層に区別することが可能で透水層は不飽和領域と飽和領域に区別できる。飽和領域は地下の土粒子の間隙が水で満たされている状態で固相と液相に分けて考えることが可能な領域で，不飽和領域は地下の土粒子の間隙に水と空気が存在し固相・液相・気相の三相を考えなければならない領域である。

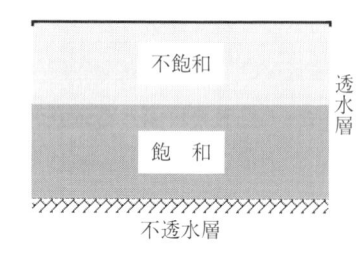

図 4.5　地下の模式図

　固相は，土壌，砂，シルト，粘土，砂礫，小石，岩石，岩盤（亀裂が存在する場合）があり，それぞれの存在形態によって水の流動，物質移動，化学的反応，生物学的反応が異なり，上述した不飽和，飽和の状態もそれらに大きな影響を与える。地下水の流動は一般的に時間的に遅く，いったん有害物質によって汚染されると，その環境修復には時間を要することになる。

〔1〕 流動の基礎と物質移動

1）飽和状態　　飽和状態では水の流動は，動水勾配に比例してフラックス（水の単位時間単位面積当りの流量）が生じるというダルシーの法則によって式（4.23）のように表される。

$$\boldsymbol{q} = -K_s \nabla \varPhi \tag{4.23}$$

鉛直1次元の流れでは式（4.24）となる。

$$q_z = -K_s \frac{d\varPhi}{dz} \tag{4.24}$$

フラックス $\boldsymbol{q}$ は結果的には速度のディメンジョン〔m/s〕をもつが，実際の水の流速（間隙中の流速）と混同してはならない。上式は，微分形で表示し

ているが，この適用できるサイズは，対象とする領域より著しく小さいが，個々の間隙内の流速を表すミクロスケールに比べれば十分大きなサイズである．K_s は透水係数であり，地質分類による透水係数の目安値を**表 4.3** に示す．

表 4.3 地質分類と透水係数

地 質	K_s 〔cm/s〕
純 礫	1 以上
純 砂	$1 \sim 10^{-2}$
混合砂	$10^{-2} \sim 10^{-3}$
細 砂	10^{-3}
シルト質砂土	$10^{-3} \sim 10^{-4}$
シルト	$10^{-4} \sim 10^{-5}$
粘 土	10^{-6} 以下

$\boldsymbol{q} = (q_x, q_y, q_z)$ で表すと，定常の連続の式より

$$\nabla \boldsymbol{q} = 0$$

$$\frac{\partial q_x}{\partial x} + \frac{\partial q_y}{\partial y} + \frac{\partial q_z}{\partial z} = 0 \tag{4.25}$$

となり，式 (4.23) を式 (4.25) に代入すると

$$\nabla^2 \Phi = 0 \tag{4.26}$$

となり，ラプラスの方程式が得られる．この方程式を数値計算法により境界条件の下で解くとポテンシャル Φ とフラックス $\boldsymbol{q}$ が求まる．

2）不飽和土中水の運動 Richards は，土壌層内の不飽和水分移動についてポテンシャル Φ がマトリックポテンシャル Ψ（主として毛管吸引力）で表現され，透水係数 $K(\theta)$ が体積含水率 θ に依存する等方性多孔質媒体中の不飽和浸透流を式 (4.27) で表した．

$$\boldsymbol{q} = -K(\theta) \nabla \Phi \tag{4.27}$$

連続の式は式 (4.28) で表される．

$$\frac{\partial \theta}{\partial t} = -\nabla \boldsymbol{q} \tag{4.28}$$

鉛直下方を正にとると，全ポテンシャル Φ は式 (4.29) で表される．

$$\Phi = \Psi - z \tag{4.29}$$

ここで，Ψ：マトリックポテンシャル 〔m〕，z：重力ポテンシャル 〔m〕，$K(\theta)$：不飽和透水係数である．

式 (4.27)～(4.29) をまとめると不飽和浸透流の方程式が得られる．

$$\frac{\partial \theta}{\partial t} = \frac{\partial}{\partial x}\left(K(\theta)\frac{\partial \Psi}{\partial x}\right) + \frac{\partial}{\partial y}\left(K(\theta)\frac{\partial \Psi}{\partial y}\right) + \frac{\partial}{\partial z}\left(K(\theta)\frac{\partial \Psi}{\partial z}\right) - \frac{\partial K(\theta)}{\partial z} \tag{4.30}$$

となる。ここで,水分拡散係数の定義 $D(\theta) \equiv K(\theta)\frac{\partial \Psi}{\partial x}$ を用いると式 (4.30) は以下のように表現できる。

$$\frac{\partial \theta}{\partial t} = \frac{\partial}{\partial x}\left(D(\theta)\frac{\partial \theta}{\partial x}\right) + \frac{\partial}{\partial y}\left(K(\theta)\frac{\partial \theta}{\partial y}\right) + \frac{\partial}{\partial z}\left(K(\theta)\frac{\partial \theta}{\partial z}\right) - \frac{\partial K(\theta)}{\partial z} \tag{4.31}$$

例として,$K(\theta)$ と $\Psi \sim \theta$ の関係(水分特性曲線)は以下のように表現できる。$K(\theta)$ 水分特性曲線は実験によって求める。

K-θ 関係(Brooks and Corey らによる)

$$\frac{K(\theta)}{K_{sat}} = \left(\frac{\theta - \theta_{\min}}{\theta_{sat} - \theta_{\min}}\right)^a \tag{4.32}$$

Ψ-θ 関係(ヒステリシスを考慮)(Brook and Corey らによる)

$$\frac{\Psi}{\Psi_e} = \left(\frac{\theta - \theta_{\min}}{\theta_{sat} - \theta_{\min}}\right)^{-b} \tag{4.33}$$

簡略化した場合は,Hillel の経験式に従って

$$K(\theta) = K_S \left(\frac{\theta}{\theta_S}\right)^n \tag{4.34}$$

$$\Psi(\theta) = a\theta^{-b} \tag{4.35}$$

などとすることができる。

3) 溶質移動 地中の溶質移動は,移流と拡散によって表される。水理学的分散は溶質が間隙構造による経路長の違いや分岐によって広がる分散現象であり,分子拡散とは区別している。総括的な分散係数を分子拡散(D_P)と水理学的分散(D_h)の和とし $D = D_P + D_h$ で表す。式(4.36)に,溶質と土粒子表面との相互作用として吸着反応を伴う1次元移流分散現象を示す。

$$\theta \frac{\partial C}{\partial t} = -\frac{\partial vC}{\partial z} + \frac{\partial}{\partial z}\left(\theta D_z \frac{\partial C}{\partial z}\right) - (1-\theta')\rho \frac{\partial S}{\partial t} \tag{4.36}$$

ここで,t:時間〔s〕,C:液中濃度〔mg/l〕,S:固体中の濃度〔mg/kg〕,

ρ：固体密度〔kg/l〕，θ'：間隙率〔-〕，θ：体積含水率〔-〕，v：浸透水流速（空塔速度 q_z のこと）〔m/s〕である。

さらに，対象となる濃度範囲でヘンリー型の吸着平衡関係が成立する場合

$$S = k_d C \tag{4.37}$$

となる。ここで，k_d：分配係数〔l/kg〕である。

式（4.37）を式（4.36）に代入し，θ を一定とすると

$$\frac{\partial \{1+(1-\theta')\rho k_d/\theta\}C}{\partial t} = -\frac{\partial UC}{\partial z} + \frac{\partial}{\partial z}\left(D_z \frac{\partial C}{\partial z}\right) \tag{4.38}$$

となる。ここで，U：間隙流速（$\equiv v/\theta$）〔m/s〕である。$t=\{1+(1-\theta')\rho k_d/\theta\}T$ で時間変換を行うと

$$\frac{\partial C}{\partial T} = -U\frac{\partial C}{\partial z} + \frac{\partial}{\partial z}\left(D_z \frac{\partial C}{\partial z}\right) \tag{4.39}$$

となり，移流拡散方程式と同じ型となる。

〔2〕 **地下水汚染**　　地下水汚染で問題となっている汚染物質は，トリクロロエチレン，テトラクロロエチレンなどの有機溶媒や重金属，硝酸イオンなどが主である。1980年代にはトリクロロエチレンなどの有機溶媒が半導体工場

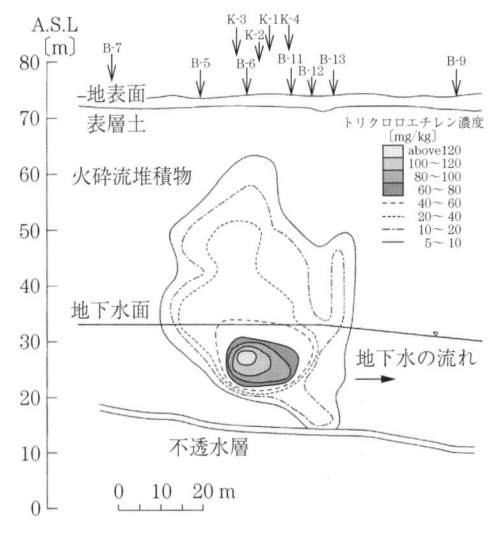

図 4.6 トリクロロエチレンの汚染事例[6)]

などのデバイスの洗浄やドライクリーニングなどで使用されていた。これらは発がん性が懸念されている。トリクロロエチレンの汚染事例を図 4.6 に示す。トリクロロエチレンは，比重が水より重く，農薬に比べ土壌にも吸着されにくいため，地中深くまで浸透する。この事例では地下 60 m 近くまで浸透している。

〔3〕 **土中の微生物の働き**　土は固相（粘土鉱物，鉱物粒子，植物遺体，土壌腐食物等），液相（土壌水）と気相（土壌空気）の三相に分かれているが，その土壌環境は団粒構造の内部・外部に局所的に分布する好気的環境と嫌気的環境が複雑に形成されている。そこに住み分けをしている微生物は，有機物や土壌汚染物質の分解過程を通して汚染物質の動態に影響を及ぼしている。

土中の微生物の働きとして以下のものが挙げられる。

・有機物の分解　　リター，動物遺体の分解

　　　　リターは，森林で地表面に落ちてくる葉や枝，樹皮などの総称
・硝化・脱窒作用
・農薬分解　　生物的分解と非生物的分解（光分解・化学的分解）

　　　　分解機構 ｜ 炭素源・窒素源として利用するもの
　　　　　　　　 ｜ コメタボリズム（農薬を利用できないが分解する）
　　　　　　　　 ｜ 複数の微生物が共同で分解

・農薬の種類
　・有機リン系農薬：殺虫剤として利用され微生物分解を受けやすい。
　・カーバメイト系農薬：殺虫剤と除草剤として使用されている。微生物分解は受けやすいものと難分解のものがある。
　・トリアジン系農薬：除草剤として使用されている。半減期が数ヶ月以上で難分解である。
　・有機塩素系農薬：殺虫剤と除草剤として使用される。難分解であるが易分解のものもある（DDT，BHC，アルドリン：半減期が長く残留性が大である）。

・有機塩素化合物の分解
　・PCB の分解（Pseudomonas sp. などによって分解される）

- クロロ安息香酸（PCB 分解の中間産物）
- クロロベンゼン（溶剤，芳香剤，難燃剤）
- 塩素化脂肪族炭化水素（溶剤，除草剤）

・重金属
- 鉄（Fe）は酸化・還元の状態で存在する。
- 水銀（Hg）は微生物によってメチル水銀（CH_3Hg^+）にメチル化されたり，脱メチル化されたりする。
- その他の重金属：マンガン・ヒ素・アンチモン・テルル・銅・コバルト・ニッケル・亜鉛・バナジウム・モリブデン・ウラン・クロム・カドミウム・ビスマス・鉛

・根圏微生物（窒素の固定など）　空気中の不活性窒素を固定する。

〔4〕 **土壌汚染**　環境要素として，水，大気，土壌の3形態に分けることができ，それらを通して土壌汚染の問題が生じてくる。土壌に有害物質が蓄積すると，植物や土壌微生物の増殖などに長期にわたる影響を及ぼし，水，大気，食品（農産物など）を通して結果として人の健康に影響を及ぼすことになる。重金属汚染の土壌汚染の事例として，1877年の足尾銅山鉱毒事件，カドミウムによる1968年のイタイイタイ病，1975年の東京都の六価クロム鉱滓埋立事件が上げられる。これらは鉱山・工場などの事業活動の結果による汚染である。また，近年ではトンネル工事の掘削土砂に含まれる重金属（特に硫化鉱物に含まれるヒ素など）の問題が挙げられており，掘削土砂からの重金属の溶出による汚染を防ぐため，完全管理型の廃棄物処理の技術が確立されつつある。

　農薬汚染はレイチェル・カーソンが「沈黙の春」でその危険性を警告していた。病害虫や雑草を防除するために難分解性の農薬を用いると，土壌に吸着され長期間残留する。また，大気中に飛散，地下水に浸透，流亡したりすることによって広い範囲で拡散汚染する危険性を持っている。しかし，近年，易分解性の農薬が開発され，これらは光分解・加水分解および微生物代謝によってすみやかに分解される。特殊汚染物質として，放射能・医療廃棄物・廃棄物埋立・油類（石油，木材防腐剤，有機溶剤）などによる土壌汚染が挙げられる。また，

酸性雨（酸性降下物：雨，エアロゾル，霧，雪）などよる土壌劣化がある。

〔5〕 **土壌汚染の浄化**　土壌汚染の浄化方法としては，物理化学的方法である洗浄・イオン交換・吸着・抽出（真空抽出など）・膜分離・酸化（化学反応を含む）・固化・加熱・熱分解・熱脱着，生物学的処理法である微生物を用いたバイオレメディエーション，埋立て・置換などの方法がある。また，これらの方法の複合的な浄化方法としてハイブリッド浄化法がある。

4.2　水質汚濁の指標

水質汚濁の指標は，理化学的に物理・化学・生物に分類する方法と衛生環境工学的に分類する方法があるが，われわれ環境衛生工学を学ぶものにとっては，後者による分類をして体系化したほうがわかりやすいと思われる。

図4.7に衛生環境工学的分類を示す。

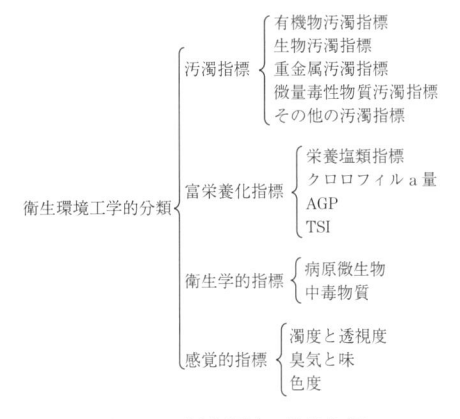

衛生環境工学的分類
- 汚濁指標
  - 有機物汚濁指標
  - 生物汚濁指標
  - 重金属汚濁指標
  - 微量毒性物質汚濁指標
  - その他の汚濁指標
- 富栄養化指標
  - 栄養塩類指標
  - クロロフィルa量
  - AGP
  - TSI
- 衛生学的指標
  - 病原微生物
  - 中毒物質
- 感覚的指標
  - 濁度と透視度
  - 臭気と味
  - 色度

図4.7　衛生環境工学的分類

4.2.1　汚濁指標

〔1〕 **有機物汚濁指標**　表4.4に有機物汚濁指標の項目と内容の概略を示す。

〔2〕 **生物汚濁指標**　水中に生息する生物は，その水質環境の履歴によって異なった種の生物が住みつくことになる。この生物種を観察することによって，水質の汚濁状態と履歴を読み取ることが可能となる。表4.5に，生物学的水質階級の例を挙げる。

また，このような汚濁階級の質的情報を数量化するとともに生物の出現頻度を重みとして汚濁階級表示を平均化し，**汚濁指数**（PI, pollution index）とし

4.2 水質汚濁の指標

表 4.4 有機物汚濁指標の項目と内容

指　標	単　位	内　　　容
BOD (biochemical oxygen demand, 生物化学的酸素要求量)	mg/l	20℃, 5日間で水中の有機物を分解するために微生物が消費した溶存酸素量をいう。水中の生物分解可能な有機物量とほぼ等しいので下水や環境水の汚染度指標として用いられる。アンモニアイオンが含まれる場合は硝化現象による酸素消費量が含まれることがある。また, 生物阻害物質が含まれる場合は小さ目の値となる。
COD$_{Mn}$ (chemical oxygen demand, 化学的酸素要求量) COD$_{Cr}$	mg/l	COD$_{Mn}$ は酸化剤として $KMnO_4$ を用い有機物を酸化した際に消費された酸化剤中の酸素量によって表示される。 COD$_{Mn}$ の測定法として酸性法とアルカリ法があり, 値は異なるものとなる。 COD$_{Cr}$ は酸化剤として $K_2Cr_2O_7$ を用いており $KMnO_4$ より酸化力が強いのでほとんどの有機物が酸化される。COD$_{Cr}$ は物質収支をとる際に便利である。 COD は, 簡便迅速に結果が得られるので BOD の代替指標として用いられる。わが国では, 湖沼・海域の有機物汚濁指標の環境基準として COD$_{Mn}$ を用いている。
TOC (total organic carbon, 全有機炭素)	mg/l	TOC は, 水中の有機物に含まれる炭素量で, 測定機器で迅速に測定することができ, 有用な指標となる。
紫外部吸光度 (E 220)		試料水の紫外部吸光度と COD とに相関が見られることから, 有機物濃度の簡易的な推定法として用いられる。
DO (dissolved oxygen, 溶存酸素濃度)	mg/l	水中に溶存している分子酸素 O_2 の濃度。20℃の純水中の飽和溶存酸素濃度は 8.84 mg/l であり, 他の溶存物質 (塩分など) が高濃度の時, 飽和濃度は小さくなる。DO により, 有機物の汚染程度を知ることができ, DO が大きい値のとき, 好気的で良好な水質であるといえる。
全窒素 有機性窒素 アンモニア性窒素 亜硝酸性窒素 硝酸性窒素	mg/l	有機性窒素であるタンパク質等は, 微生物によって分解されアンモニア性窒素となる。アンモニア性窒素は好気的条件下で, 硝化細菌の作用によって亜硝酸性窒素を経て硝酸性窒素となる。 $NH_4^+ + 3/2 O_2 \xrightarrow{Nitorosomonas} NO_2^- + 2H^+ + H_2O$ $NO_2^- + 1/2 O_2 \xrightarrow{Nitrobactar} NO_3^-$ さらに, 亜硝酸性窒素と硝酸性窒素は嫌気的条件下で脱窒細菌の硝酸呼吸によって窒素ガスとなる。

て定量的に表現することが試みられている。汚濁指数は値が大きくなるほど汚濁度大である。

$$PI = \frac{\sum (S_i \cdot h_i)}{\sum h_i}$$

表 4.5 生物学的水質階級

(1) 貧腐水性水域 oligosaprobe zone	DO が高く,有機物はたいてい好気性分解されていて,BOD は 3 ppm 以下,緑藻では代表的に *Draparnaldia glomerata* が群集を形成,珪藻では *Meridon circulae* が優先的,紅藻では *Lemanea annulata* などが群集を形成し,貧腐水性繊毛虫として Spath-ididae,底性動物としてはヒメヒラタカゲロウが生息するような水域。
(2) β 中腐水性水域 β-mesosaprobe zone	DO はかなり存在するが,BOD は 3 ppm 以上,しかし好気的条件は維持されていて,窒素の形態でいえば $NO_3^- > NO_2^- > NH_4^+$ である。 *Phormidium* 群集として *Phormidium subfuscum*, *Ph.favosum*, *Ph.retzi* などが優先し,繊毛虫群集では *Coleps hirtus*, *Dileptus anser* その他,また底性動物としては,タニガワカゲロウやヒトリガカゲロウなどが生息するような水域。
(3) α 中腐水性水域 α-mesosaprobe zone	DO はかなり不足し,BOD も相当高く,ことに底質では嫌気性分解が盛んに行われているような状況で,底生植物としてはユレモの一種である *Oscillatoria benthonicum*, *Ulothrix zonata* などが優先し,繊毛虫では *Chilodonellectum cucullulae* が現れ,動物ではシマイシビルなどが繁殖するような水域である。
(4) 強腐水性水域 polysaprobe zone	最も悪いクラスで,DO はほとんどなく,もっぱら嫌気性分解が進行し,BOD,COD がきわめて高い状況にあたる。底生植物の代表としてはミズワタ(*Sphaerotilus natans*)や *Euglena viridis* などが優先種であり,また繊毛虫類では *Colpidietum colpodae* があらわれ,底生動物はイトミミズのような下等種が繁殖する。

ここで,S_i:生物種 i の汚濁階級表示 1〜4(貧腐水性生物種〜強腐水性生物種)リープマン指標生物表に従う。また,h_i:生物種 i の出現頻度 1〜3(偶在〜非常に多い)である。

〔3〕 **重金属汚濁指標** 多くの重金属のうち,環境基準で定められているのは,カドミウム(Cd),鉛(Pb),六価クロム(Cr^{6+}),ヒ素(As),水銀(Hg),セレン(Ce)の六種類である(**表 4.8** の基準値を参照)。

〔4〕 **微量毒性物質汚濁指標** 環境基準,排水基準で取り上げられている物質のうちで金属以外の毒性有害物質として,全シアン,PCB,有機塩素化合物,トリハロメタンがあり,また最近注目を集めている PCB,DDT,ダイオキシン,トリブチルすず等の内分泌かく乱物質である環境ホルモンが挙げられる。**表 4.6** に環境ホルモン物質の例を挙げる。

4.2 水質汚濁の指標

表 4.6 環境ホルモン物質の例
(環境庁の環境ホルモン戦略計画 SPEED'98 の調査対象物質)

物質	用途・備考
ポリ塩化ビフェニール類 (PCB)	熱媒体, ノンカーボン紙, 電気製品
ポリ臭化ビフェニール類 (PBB)	難燃剤
トリブチルスズ	船底塗料, 魚網の防腐剤
トリフェニルスズ	船底塗料, 魚網の防腐剤
アルキルフェノール類 (C4-C9)	界面活性剤の原料, 分解性生物
ビスフェノール A	樹脂の原料
フタル酸ジ-2-エチルヘキシル	プラスチックの可塑剤
フタル酸ブチルベンジル	プラスチックの可塑剤
フタル酸ジ-n-ブチル	プラスチックの可塑剤
フタル酸ジシクロヘキシル	プラスチックの可塑剤
フタル酸ジエチル	プラスチックの可塑剤
ベンゾ(a)ピレン	非意図的生成物
2,4-ジクロロフェノール	染料中間体
アジピン酸ジ-2-エチルヘキシル	プラスチックの可塑剤
ベンゾフェノン	医療品合成原料, 保香剤等
4-ニトロトルエン	2,4-ジクロロトルエンなどの中間体
オクタクロロスチレン	有機塩素系化合物の副生成物
フタル酸ペペンチル	(わが国では生産されていない)
フタル酸ペヘキシル	(わが国では生産されていない)
フタル酸ジプロピル	(わが国では生産されていない)
スチレンの 2 及び 3 量体	スチレン樹脂の未反応物
n-ブチルベンゼン	合成中間体, 液晶製造用
スチレンモノマー	プラスチック原料
17-β-エストラジオール	人畜由来ホルモン

コーヒーブレイク

環境ホルモン（内分泌かく乱物質 Endocrine Disruptor）

環境中に放出され現在でも環境中に蓄積されている環境ホルモンはヒト（特に胎児）や他の生物の内分泌の機能をかく乱していることが推測されている。

さらに，今まで安全と考えられていた農薬，界面活性剤，プラスチックの原材料などの化学物質の中に，生体のホルモン受容体，特に女性ホルモン受容体に結合することにより，あたかも女性ホルモンと同じ様な働きをする化学物質，男性ホルモンや甲状腺ホルモンの受容体に結合してホルモン作用を阻止する物質など（内分泌かく乱物質）があることがわかってきた。

ヒトの精子数が減少している，先天奇形の尿道下裂が増え，精巣がんが増加しているとの報告もあり，胎児期の内分泌かく乱物質が原因になっているとの仮説も提出されている。

ダイオキシンや PCB などは生物濃縮により食物連鎖の上位の動物であるヒトのみならずイルカ，クジラ，アザラシなどの皮下脂肪に蓄積されている。日本の沿岸では，有機すず（船舶の塗料，魚網などに使用）による巻貝の雌に雄の生殖器ができるインポセックス現象が見られている。

4.2.2 富栄養化指標

富栄養化は陸水学的に自然系において貧栄養湖・中栄養湖・富栄養湖の変遷を示している。これらの自然環境系に人為的な栄養塩（N，P）による汚濁が加わると加速度的かつ単発的に富栄養化が生じ，通常いわれている湖沼におけるアオコ，海域における赤潮の現象が生じる。アオコ，赤潮は，富栄養化の結果生じる植物性プランクトンの大量発生であり，その水域の景観や水質，水産物に多大の影響を与える。これらの富栄養化の指標を表 4.7 にまとめる。

表 4.7 富栄養化の指標

栄養塩類指標（特に N，P）	1次生産者である植物性プランクトンは，N，P の存在と他の微量栄養塩類（微量金属塩）によって，独立栄養的（無機物から有機物を合成）に増殖する微生物である。主に N または P が制限因子となることがあり，空気中の N_2 を固定する能力のある *Anabaena*（藻類）は P が制限因子となる。
クロロフィル a 量	光合成生物の光合成色素の1つであるクロロフィル a の量を調べ植物性プランクトンの発生状態を調べる指標である。ただし，植物性プランクトンのクロロフィル a 量は，環境条件によって変動するので正確な定量指標とはいえない。
AGP (algal growth potential，藻類生産の潜在力)	対象とする試料に藻類の標準種を接種し，一定の照度・温度条件のもとで定常期になるまで藻類を増殖させ，その増殖量を乾燥重量で表した値としている。AGP は，藻類生産の潜在能力を測定するものであり，富栄養化の程度を評価しようとするものである。
TSI (trophic state index，富栄養化度指数)	富栄養化の程度を連続的定量的に表そうとするもので，富栄養化に関する総合的パラメータを代表する単一の測定値によって代表される。カールソンらは，富栄養化の代表的判定因子を植物プランクトンの濃度とし，それに関連する透明度（SD）を基準として，TSI を次のように定義した。$$TSI(SD)=10(6-\log 2\,SD)$$ TSI として透明度と相関の強いことが知られているクロロフィル a 量，さらに全リン濃度を基準にした TSI も提案されている。

4.2.3 衛生学的指標

水を介して人が発病する原因としては，病原微生物によるものと物質によるものとに大別できる。

〔1〕病原微生物

・病原細菌　　コレラ菌，赤痢菌，腸チフス菌，サルモネラ，病原性大腸菌等

・病原ウイルス　　A 型肝炎ウイルス，ポリオウイルス等
・原虫性疾患　　赤痢アメーバ，ランブル鞭毛虫，クリプトスポリジウム

　大腸菌は，人や動物の腸内あるいは土壌に生息し，糞便性汚染ひいては病原菌汚染の指標として用いられている。最近では，大腸菌の代わりに糞便性大腸菌，腸球菌や他の細菌・バクテリオファージを病原菌汚染の指標として用いることが研究されつつあり，一般の大腸菌群の不備な点を改善していくことが考えられている。

〔2〕**中毒物質**　　主に化学物質による疾病を起こす程度の指標として，現在では生物を用いた生物検定法（バイオアッセイ）の手法が検討されてきた。ただし，バイオアッセイは人でない生物試料を用いるので，人への毒性とは同等でないことに留意すべきである。

4.2.4　感覚的指標

〔1〕**濁度**　　濁度は精製水 1 l 中に標準カオリン 1 mg を加えたときの濁りに相当し，1 度〔1 mg/l〕と定義している。計測は吸光光度計等で測定することになる。

〔2〕**透視度**　　透視度は高さ 30 cm 程度のシリンダの底部から試料水を排出し，シリンダ底部の十字線の模様が確認できる水柱の高さとして表す。

〔3〕**透明度**　　透明度は透明度板あるいはセッキ板と呼ばれる直径 25〜30 cm の白色板を水中に沈め，円板が識別できなくなる深度〔m〕として表示する。

〔4〕**臭気と味**　　臭気の定量的表現法として，臭気濃度（TO, threshsold odor）と臭気度（PO, odor intensity index）がある。TO は，検水の臭気が感知できなくなるまで希釈し，この閾値希釈倍数をもって臭気の強さとする。PO は，TO で得られた閾値希釈倍数を％単位で表したものである。

$$PO = \frac{1}{\log 2} \log(TO) = 3.2 \log(TO)$$

〔5〕**色**　　色は色度として表され，色度の 1 度は精製水 1 l 中に色度標準

液（塩化白金酸ナトリウムと塩化コバルトで作成）1 ml を含んだ場合に相当する（白金 1 mg 含む）。

4.3 水環境に関する基準

　水環境は，人為的あるいは自然的に汚濁の負荷を受けているが，その水環境には汚濁を自然浄化によって回復させる能力をもっている。この自然浄化能力を上回る汚濁が入力されるとその水環境は悪化し，ひいてはその生態系と人間社会に多大の悪影響を及ぼすことになる。水環境にはレベルによって汚濁を許容できる環境容量があり，それをもとに各水域の環境基準が設定され，工場排水などの規制を行う排水基準が設けられている。わが国で設定されている基準には，人の健康の保護に関する環境基準，生活環境の保全に関する環境基準，全国一律の排水基準がある。都道府県では，さらに厳しい上乗せ排水基準を定め，より強化された環境基準の達成を目指している。以下に，これらの基準を示す（表 4.8〜表 4.12）。備考などの細かい情報はここでは省いた。

表 4.8　人の健康の保護に関する環境基準

項　目	基準値	項　目	基準値
カドミウム	0.003 mg/l 以下	1,1,1-トリクロロエタン	1 mg/l 以下
全シアン	検出されないこと	1,1,2-トリクロロエタン	0.006 mg/l 以下
鉛	0.01 mg/l 以下	トリクロロエチレン	0.03 mg/l 以下
六価クロム	0.05 mg/l 以下	テトラクロロエチレン	0.01 mg/l 以下
ヒ素	0.01 mg/l 以下	1,3-ジクロロプロペン	0.002 mg/l 以下
総水銀	0.0005 mg/l 以下	チウラム	0.006 mg/l 以下
アルキル水銀	検出されないこと	シマジン	0.003 mg/l 以下
PCB	検出されないこと	チオベンカルブ	0.02 mg/l 以下
ジクロロメタン	0.02 mg/l 以下	ベンゼン	0.01 mg/l 以下
四塩化炭素	0.002 mg/l 以下	セレン	0.01 mg/l 以下
1,2-ジクロロエタン	0.004 mg/l 以下	硝酸性および亜硝酸性窒素	10 mg/l 以下
1,1-ジクロロエチレン	0.1 mg/l 以下	フッ素	0.8 mg/l 以下
シス-1,2-ジクロロエチレン	0.04 mg/l 以下	ホウ素	1 mg/l 以下
		1,4-ジオキサン	0.05 mg/l 以下

表 4.9 生活環境の保全に関する環境基準（その 1）河川（湖沼を除く）

項目 種類	利用目的の適応性	基準値				
		水素イオン濃度 pH	生物化学的酸素要求量 BOD	浮遊物質量 SS	溶存酸素量 DO	大腸菌群数
AA	水道1級 自然環境保全及びA以下の欄に掲げるもの	6.5以上 8.5以下	1 mg/l 以下	25 mg/l 以下	7.5 mg/l 以上	50 MPN /100 ml 以下
A	水道2級　水産1級 水浴及びB以下の欄に掲げるもの	6.5以上 8.5以下	2 mg/l 以下	25 mg/l 以下	7.5 mg/l 以上	1 000 MPN /100 ml 以下
B	水道3級　水産2級 及びC以下の欄に掲げるもの	6.5以上 8.5以下	3 mg/l 以下	25 mg/l 以下	5 mg/l 以上	5 000 MPN /100 ml 以下
C	水産3級　工業用水1級 及びD以下の欄に掲げるもの	6.5以上 8.5以下	5 mg/l 以下	50 mg/l 以下	5 mg/l 以上	—
D	工業用水2級　農業用水 及びEの欄に掲げるもの	6.0以上 8.5以下	8 mg/l 以下	100 mg/l 以下	2 mg/l 以上	—
E	工業用水3級 環境保全	6.0以上 8.5以下	10 mg/l 以下	ごみ等の浮遊が認められないこと	2 mg/l 以上	—

項目 類型	水生生物の生息状況の適応性	基準値		
		全亜鉛	ノニルフェノール	直鎖アルキルベンゼンスルホン酸及びその塩
生物A	イワナ，サケマス等比較的低温域を好む水生生物及びこれらの餌生物が生息する水域	0.03 mg/l 以下	0.001 mg/l 以下	0.03 mg/l 以下
生物特A	生物Aの水域のうち，生物Aの欄に掲げる水生生物の産卵場（繁殖場）又は幼稚仔の生育場として特に保全が必要な水域	0.03 mg/l 以下	0.0006 mg/l 以下	0.02 mg/l 以下
生物B	コイ，フナ等比較的高温域を好む水生生物及びこれらの餌生物が生息する水域	0.03 mg/l 以下	0.002 mg/l 以下	0.05 mg/l 以下
生物特B	生物A又は生物Bの水域のうち，生物Bの欄に掲げる水生生物の産卵場（繁殖場）又は幼稚仔の生育場として特に保全が必要な水域	0.03 mg/l 以下	0.002 mg/l 以下	0.04 mg/l 以下

表 4.10 生活環境の保全に関する環境基準（その 2）湖沼

項目 種類	利用目的の適応性	基準値				
		水素イオン濃度 pH	化学的酸素要求量 COD	浮遊物質量 SS	溶存酸素量 DO	大腸菌群数
AA	水道 1 級 水産 1 級 自然環境保全及び A 以下の欄に掲げるもの	6.5 以上 8.5 以下	1 mg/l 以下	1 mg/l 以下	7.5 mg/l 以上	50 MPN /100 ml 以下
A	水道 2, 3 級 水産 2 級 水浴及び B 以下に欄に掲げるもの	6.5 以上 8.5 以下	3 mg/l 以下	5 mg/l 以下	7.5 mg/l 以上	1 000 MPN /100 ml 以下
B	水産 3 級 工業用水 1 級 農業用水及び C の欄に掲げるもの	6.5 以上 8.5 以下	5 mg/l 以下	15 mg/l 以下	5 mg/l 以上	—
C	工業用水 2 級 環境保全	6.0 以上 8.5 以下	8 mg/l 以下	ごみ等の浮遊が認められないこと	2 mg/l 以上	—

項目 類型	利用目的の適応性	基準値	
		全窒素	全リン
I	自然環境保全及び II 以下の欄に掲げるもの	0.1 mg/l 以下	0.005 mg/l 以下
II	水道 1,2,3 級（特殊なものを除く） 水産 1 種 水浴及び III 以下の欄に掲げるもの	0.2 mg/l 以下	0.01 mg/l 以下
III	水道 3 級（特殊なもの）及び IV 以下の欄に掲げるもの	0.4 mg/l 以下	0.03 mg/l
IV	水産 2 種及び V の欄に掲げるもの	0.6 mg/l 以下	0.05 mg/l 以下
V	水産 3 種 工業用水 農業用水 環境保全	1 mg/l 以下	0.1 mg/l 以下

水生生物の生息状況の適応性（水生生物保全）に係る環境基準項目は河川と同じ基準

表 4.11 生活環境の保全に関する環境基準（その3）海域

類型	利用目的の適応性	水素イオン濃度 pH	化学的酸素要求量 COD	溶存酸素量 DO	大腸菌群数	n-ヘキサン抽出物質（油分等）
A	水産1級 水浴・自然環境保全及びB以下の欄に掲げるもの	7.8以上 8.3以下	2 mg/l以下	7.5 mg/l以上	1 000 MPN/100 ml以下	検出されないこと
B	水産2級 工業用水及びCの欄に掲げるもの	7.8以上 8.3以下	3 mg/l以下	5 mg/l以上	—	検出されないこと
C	環境保全	7.0以上 8.3以下	8 mg/l以下	2 mg/l以上	—	—

類型	利用目的の適応性	全窒素	全リン
I	自然環境保全及びII以下の欄に掲げるもの（水産2種及び3種を除く）	0.2 mg/l以下	0.02 mg/l以下
II	水産1種 水浴及びIII以下の欄に掲げるもの（水産2種及び3種を除く）	0.3 mg/l以下	0.03 mg/l以下
III	水産2種及びIVの欄に掲げるもの（水産3種を除く）	0.6 mg/l以下	0.05 mg/l以下
IV	水産3種 工業用水 生物生息環境保全	1 mg/l以下	0.09 mg/l以下

類型	水生生物の生息状況の適応性	全亜鉛	ノニルフェノール	直鎖アルキルベンゼンスルホン酸及びその塩
生物A	水生生物の生息する水域	0.02 mg/l以下	0.001 mg/l以下	0.01 mg/l以下
生物特A	生物Aの水域のうち，水生生物の産卵場（繁殖場）又は幼稚仔の生育場として特に保全が必要な水域	0.01 mg/l以下	0.0007 mg/l以下	0.006 mg/l以下

表 4.12 一律排水基準（水質汚濁防止法第3条第1項の排水基準）
（a）健康項目

有害物質の種類	許容限度
カドミウム及びその化合物	0.1 mg/l
シアン化合物	1 mg/l
有機リン化合物（パラチオン，メチルパラチオン，メチルジメトン及び EPN に限る）	1 mg/l
鉛及びその化合物	0.1 mg/l
六価クロム化合物	0.5 mg/l
ヒ素及びその化合物	0.1 mg/l
水銀及びアルキル水銀その他の水銀化合物	0.005 mg・l
アルキル水銀化合物	検出されないこと
ポリクロリネイテッドビフェニール（PCB）	0.003 mg/l
トリクロロエチレン	0.3 mg/l
テトラクロロエチレン	0.1 mg/l
ジクロロメタン	0.2 mg/l
四塩化炭素	0.02 mg/l
1,2-ジクロロエタン	0.04 mg/l
1,1-ジクロロエチレン	1 mg/l
シス-1,2-ジクロロエチレン	0.4 mg/l
1,1,1-トリクロロエタン	3 mg/l
1,1,2-トリクロロエタン	0.06 mg/l
1,3-ジクロロプロペン	0.02 mg/l
チウラム	0.06 mg/l
シマジン	0.03 mg/l
チオベンカルブ	0.2 mg/l
ベンゼン	0.1 mg/l
セレン及びその化合物	0.1 mg/l
ほう素及びその化合物	海域以外 10 mg/l 海域 230 mg/l
フッ素及びその化合物	海域以外 8 mg/l 海域 15 mg/l
アンモニア，アンモニウム化合物亜硝酸化合物及び硝酸化合物	（＊）100 mg/l
1,4-ジオキサン	0.5 mg/l

（＊）アンモニア性窒素に 0.4 を乗じたもの，亜硝酸性窒素及び硝酸性窒素の合計量

表 4.12 (b) 生活環境項目

項　　目	許　容　限　度
水素イオン濃度 (pH)	海域以外　pH 5.8－8.6 海域　　　pH 5.0－9.0
生物化学的酸素要求量 (BOD) (mg/l)	160 (日間平均 120)
化学的酸素要求量 (COD) (mg/l)	160 (日間平均 120)
浮遊物質量 (SS) (mg/l)	200 (日間平均 150)
ノルマルヘキサン抽出物質含有量 (鉱油類含有量) (mg/l)	5
ノルマルヘキサン抽出物含有量 (動植物油脂類含有量) (mg/l)	30
フェノール類含有量 (mg/l)	5
銅含有量 (mg/l)	3
亜鉛含有量 (mg/l)	2
溶解性鉄含有量 (mg/l)	10
溶解性マンガン含有量 (mg/l)	10
クロム含有量 (mg/l)	2
大腸菌群数 (個/cm^3)	日間平均 3 000
窒素含有量 (mg/l)	120 (日間平均 60)
リン含有量 (mg/l)	16 (日間平均 8)

演 習 問 題

【1】 自分たちに身近な環境（河川，湖沼，海など）を自分の目で確かめ，その現状を把握し，環境の維持や回復のために自分達が今何をしなければならないかを，意見を交えレポートにまとめてみること。

【2】 一次元移流拡散反応方程式（4.2）を解くことによって式（4.3）を誘導しなさい（文献2）参考にしなさい）。

【3】 流速 40 cm/s の河川に瞬間的に汚水が流入し，1 m にわたって濃度が 50 ppm (BOD) になった後，下流 100 m 地点へ濃度がどのように伝播してくるかを式（4.3）を用い計算し表にまとめなさい。ただし，反応による濃度の低減がない場合と反応定数 $K=1.0$ day^{-1} とした場合の両者を計算しなさい。ペクレ数 Pe$=UL/D=100$ として拡散係数を求めてから計算しなさい。

【4】 Streeter－Phelps の式（4.13）を解いて，式（4.14），（4.15）を誘導しなさい。(1階の常微分方程式の解析手法である定数変化法あるいはラプラス変換によって式（4.14）を簡単に誘導できる。)

【5】 O'Conner—Dobinns の式を用い，再曝気係数 K_2 を計算しなさい。ただし，河川の流速を 0.08 m/s，水深 2 m，水温 15℃ とする。

【6】 BOD 150 mg/l の一次処理水（沈殿処理）を 70 000 m^3/日で河川に放流している。この河川の最小流量は 8 m^3/s，BOD は 1.5 mg/l，流速は 0.2 m/s である。河川水とこの排水が混合した後の水温は 18℃，溶存酸素濃度は飽和値の 70 % である。溶存酸素垂下曲線を導き，t_c，x_c の値を求めなさい。ただし，20℃ で $K_1=0.25$/日，$K_2=0.4$/日とし，温度係数をそれぞれ 1.135 と 1.024 とする。

【7】 $K_2=0.60$/日，水温 18℃，最小流量 5 m^3/s の河川に，40 000 m^3/日の排水が放流されている。放流点上流の河川水の溶存酸素濃度は飽和値の 92 % である。河川水の溶存酸素濃度を 5 mg/l 以下とならないようにするためには，排水の許容 BOD$_5$ をいくらに設定するとよいか。河川水の K_1 は 20℃ で 0.35/日とする。温度係数は K_1 に対し 1.135 とする。

【8】 BOD$_5$：25 mg/l の処理水を 0.04 m^3/s で湖に放流している。この湖の水表面積は 0.3 km^3，平均水深 3.5 m，集水域の面積は 30 km^3 である。湖水は完全混合状態にあり，流入水量に対し流出水量が平衡し湖水量の変動はないものとする。集水域からの降雨流出によるノンポイント汚濁の BOD$_5$ は 1.5 mg/l であり，400 mm/年である。湖水温度は 20℃ である。湖水の BOD$_5$ を求めなさい。ただし，反応定数 $K=0.35$/日であるとする。温度係数は K に対し，1.135 とする。

5

大 気 環 境

　本章では，地球の熱収支，大気圏の物質循環および人間活動に伴う汚染物質の発生とその物理・化学的変化について学習し，大気汚染問題を理解する。次に，大気に関わる公害・環境問題の変遷を人の健康影響と人間活動の関わりに着目して理解する。また，快適な生活空間を考えるうえで室内環境汚染とその換気に関する基礎知識を学習する。さらに，燃焼などに伴う汚染物質の排出およびその拡散のメカニズムを学習して，排出抑制策としての法的規制とそれに基づいた監視体制について理解する。

5.1 物質循環と大気環境

5.1.1 地球の熱収支と物質循環

　図 5.1 は環境要素間の物質移動のメカニズムを表したものである。物質移動には環境要素間の様々な物理・化学的作用が関与するが，その原動力が太陽エネルギーであることは，水の循環を考えれば理解しやすいであろう。そこで，地球の熱収支について考えるために図 5.2 を見てみよう。

　地球に入射する熱量はおよそ 17.4 万 TW/s と見積もられている。これを図の

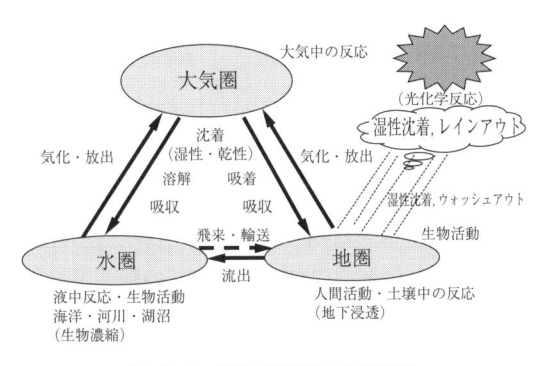

図 5.1　環境要素間の物質移動

5. 大 気 環 境

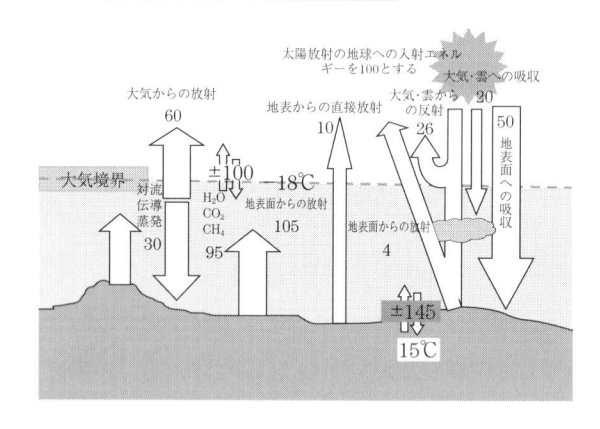

図 5.2 地球の熱収支

ように100とすると，大気境界および地表面に出入りする熱量はそれぞれ100および145で釣り合っている。もし，大気がなければ地球の平均気温は氷点下18°Cとなるが，温室効果のおかげで15°Cに保たれている。主要な温室効果ガスは水蒸気であるが，近年人間活動に伴うCO_2の増加が注目されている。その原因と考えられている化石燃料の消費量（世界の平均消費仕事量）は地球に注ぐ太陽エネルギーの1/1 000以下の13.5 TW/sである。

過去の大気環境が保存されている氷床コアの分析と現代の観測によるCO_2濃度の変化を見ると，産業革命以降，大気中のCO_2濃度が急激に増加していることがわかる。われわれの身体は感染症に対して体温を上昇させて免疫細胞を活性化し，病原菌を死滅させる。同様に地球が温室効果によって蓄積された熱を宇宙空間へ放出しやすくしていると考えてみてはどうであろうか。

5.1.2 地球温暖化の影響

わが国において年平均気温はこの100年間で1.0°C上昇している。第4回（2007年）の気候変動に関する政府間パネル（IPCC）の評価によれば，地球温暖化が深刻な状況にあり，そのメカニズムの解明，早期対応の必要性を訴えている。今後地球の平均気温がどの程度上昇するかは，各国の経済活動や温暖化対策のシナリオにより異なるが，図5.3のように海面上昇をはじめとして様々な影響が考えられている。

5.1 物質循環と大気環境

食糧生産
・異常気象による不安定

健康
・熱中症
・マラリア

気温上昇速度＜生物移動速度

温室効果ガスの増加
地球温暖化
気温の上昇

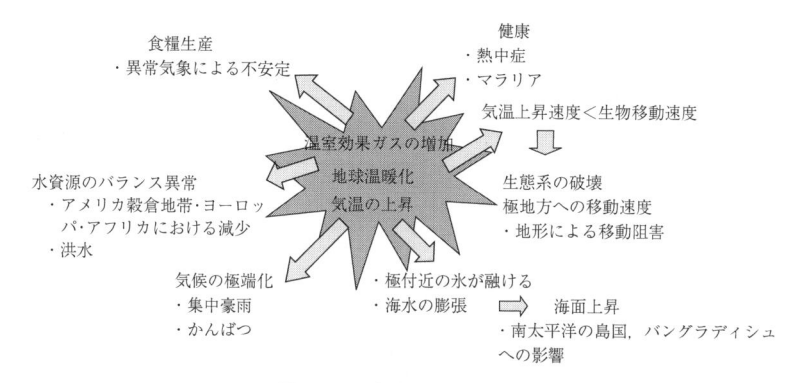

水資源のバランス異常
・アメリカ穀倉地帯・ヨーロッパ・アフリカにおける減少
・洪水

生態系の破壊
・極地方への移動速度
・地形による移動阻害

気候の極端化
・集中豪雨
・かんばつ

・極付近の氷が融ける
・海水の膨張

海面上昇
・南太平洋の島国, バングラディシュへの影響

図 5.3　地球温暖化の影響

　人の生命や健康への影響として生物，食糧および水によって媒介されるマラリアやデング熱などの伝染病がその伝染可能域を拡大し，熱波の増加により熱に関連した死亡や疾病が増加し，洪水の増加による溺死，下痢，呼吸器疾患が開発途上国で顕著に発生し，さらに飢餓や栄養失調となる可能性が増加することが予測されている。

5.1.3　物質循環とバイオマス

　次に，炭素の地球規模（大気圏，水圏，地圏，生物圏）の物質循環について考えてみる。図 5.4 に示すように，大気中の多くの成分は水と同様に，固体－液体－気体と状態を変える。炭素は無機態，有機態と化学反応によって変質しながら，環境要素間を循環する。ただし，これらの数値は，その算定基準や推定精度によって変わることがある。

　炭素循環におけるバイオマスの役割をエネルギーの面から見てみよう。バイオマスは大気中の CO_2 を増加させないので，**カーボンニュートラル**と呼ばれる特性がある。大気から CO_2 を吸収する光合成作用により生産されるエネルギーは 3.6〜7.2 TW/s である。また，バイオマスへ転換するエネルギーは太陽エネルギーの 0.1％以下の 150 TW/s である。化石燃料が太陽エネルギーの長年の蓄積の結果であることと，地上のバイオマスの平均サイクルが 30 年余りであることを考え合わせるとバイオマスの利用には限界があるといわれて

134   5. 大 気 環 境

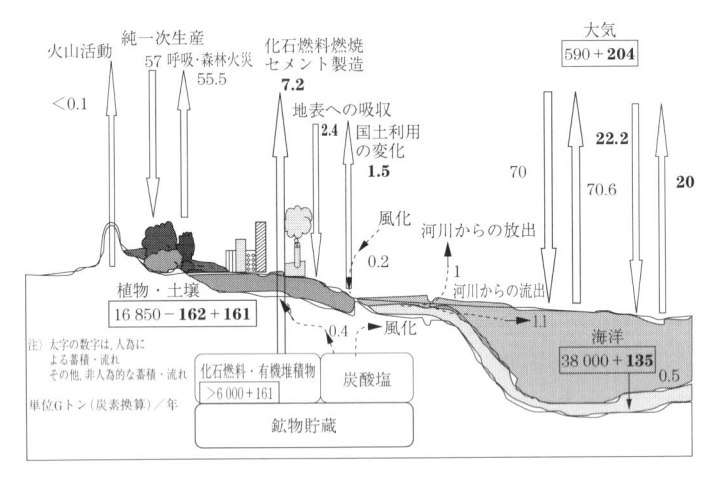

```
火山活動   純一次生産   化石燃料燃焼           大気
         57 呼吸・森林火災  セメント製造          590+204
 <0.1         55.5         7.2
                         地表への吸収
                         2.4
                         国土利用
                         の変化            70   22.2   20
                         1.5                  70.6
                              風化
                              0.2   河川からの放出
                                    1   河川からの流出
         植物・土壌                                海洋
         16 850 − 162+161                       38 000+135
    注)太字の数字は,人為に    0.4   風化                         0.5
       よる蓄積・流れ
       その他,非人為的な蓄積・流れ  化石燃料・有機堆積物  炭酸塩
    単位Gトン(炭素換算)/年   >6 000+161
                         鉱物貯蔵
```

図 5.4   炭 素 循 環

いる.しかし,バイオマスの導入は低炭素社会の構築に向けて,われわれのライフスタイルを見直すことになり,エネルギー源の多様化および地球温暖化対策の観点から有効である.その導入のメリット(未利用資源の活用,環境性など),デメリット(経済性,供給安定性)について様々な点から検証し,地域のコンセンサスを得る必要がある.

5.1.4 身の回りの物質循環(廃棄物の焼却処分)

次に身近な生活やものづくりの結果排出されるごみについて考えてみる.ごみ(廃棄物)は一般廃棄物と産業廃棄物に区分される.一般廃棄物は市町村が定める処理計画に基づいて処理されているが,直接焼却処理される割合は77.5%(2003年度)に及ぶ.また,産業廃棄物に関しては,その最終処分場の残余容量は逼迫しており,資源の有効な利用の促進に関する法律(1991年法律第48号)に基づいてリサイクルや中間処理が進んでいる.その結果,わが国の一般廃棄物の総排出量および1人1日当りの排出量はそれぞれ2000年度の5 236万t/年および1 132 g/日をピークに以降減少傾向にある.廃棄物の利用等排出状況を見ると図 5.5 のようになる.

これによれば,化石系廃棄物はカスケード利用の後,処理・処分されるが,

5.1 物質循環と大気環境

焼却等による減量化率は約50％ときわめて高い。カスケード利用とは，資源やエネルギーをその質のレベルに応じて，多段的に利用し最大限に使用することをいう。熱回収（サーマルリサイクル）とはリユースやマテリアルリサイクルを経た廃棄物から最終的に熱エネルギーを回収することであり，施設内の暖房や，給湯，地域暖房に利用される。

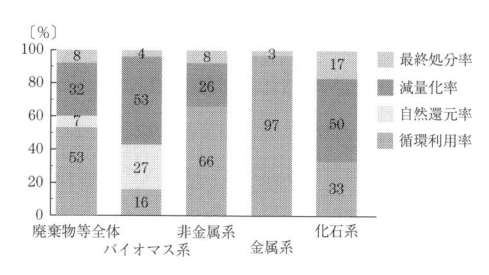

図5.5 廃棄物の利用等排出状況（2004年）
〔出典：環境省資料〕

このように，焼却時に発電を伴う熱回収は，燃やさざるをえない廃棄物の排熱を有効利用する限りにおいて，化石燃料の使用削減に寄与することに留意しなければいけない。日常生活から出る排水，廃棄物は液体（水溶性），固体（固形物化）気体（ガス化），とその形態を変えつつ，水，土壌，大気といった環境要素間を移動する。その一例として図5.6に示す下水処理における炭素のフローを見てみよう。

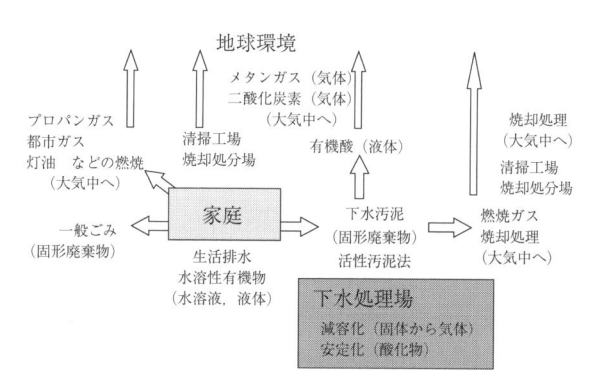

図5.6 下水処理における炭素のフロー

生活排水中の炭素のうち水溶性の有機成分は3章で学習したように，活性汚泥は最終沈殿池で固形廃棄物（汚泥）として回収される。さらに，微生物による減容化および安定化の後，熱エネルギーとして有効利用されることで，わたしたちの身近な水・土壌環境の保全が図られている。しかし，大部分の炭素

は低級な熱エネルギーの排気とともに最終的にCO_2として有限である大気圏へ排出され，地球の物質循環に委ねられている。

5.2 空気の組成と汚染物質

5.2.1 空気の組成

大気とは，地球を取り巻いて存在している気体の層で，大気の広がっている空間を**大気圏**または**気圏**という。大気圏の外縁で，大気が希薄となり，宇宙空間に移り変わっていく部分を**外圏**という。大気環境は，地表面から上空11 kmの範囲にある**対流圏**における様々な状態や現象を指す。大気の地表付近の混合気体を通常，空気と呼ぶ。空気の組成を**表5.1**に示す。

この空気を人は呼吸器官を通じて体内に取り込み，肺でCO_2と交換する（外呼吸）。人は1回500 ml，安静時には毎分10～13回呼吸している。呼気の酸素は15.7％で炭酸ガスは3.6％に増加する。血中に取り込まれた酸素は体内で内呼吸に利用され，栄養分は生命維持のためのエネルギーに変換される。

表5.1 地表付近の空気組成（乾燥空気）

構成ガス	容積比率％
酸素	20.94
窒素	78.09
アルゴン	0.93
二酸化炭素	0.037
水蒸気	0.1～4
オゾン	0～0.07 ppm
合計	100

5.2.2 快適な室内環境と必要換気量[1),2)]

〔1〕 **室内環境の快適性** **表5.2**に示すように，様々な物理的環境要素が生理的快適性に影響を与える。室内空気は表の要因によって汚染される。これを許容値以下に抑えるために換気による希釈やろ過，吸着による除去が行われ

表5.2 物理的環境要素と生理的快適性

環境要素	生理的環境要因
音	音響障害（エコー），明瞭度，騒音，衝撃音，振動
熱	気温，周壁温（放射），湿度，気流
空気	O_2，CO_2，CO，NO_2，塵埃，臭気，病原菌
光	明度（照度，グレア），保健，殺菌

る。室内空気の環境基準は「建築基準法」および「ビル管理法」によって定められている。1979年の第二次石油危機の際にアメリカのASHRAE（アメリカ暖房冷凍空調学会）がCO_2を2 500 ppmまで緩和したが，ビルディング症候群を引き起こした。

これにより，**表 5.3**に示すように他の汚染物質の存在も前提にして，計測が容易なCO_2を代表汚染物質として基準値を1 000 ppmとしている。

表 5.3 建築基準法による室内環境基準

項　　目	基　　準	備　　考
浮遊粉じんの量	0.15 mg/m³以下 （10 μm以下の粉じんに対して）	
CO	10 ppm	9 ppm（ASHRAE）
CO_2	1 000 ppm	25 000 ppm（ASHRAE）
温　度	17～28℃（外気と室温の差を大としない）	空調設備があるときのみ
相対湿度	40～70 %	
気　流	0.5 m/s 以下	
ホルムアルデヒド	0.08 ppm（0.1 mg/m³）以下	

最近では開放式燃焼型暖房機や加湿器の使用，高気密・高断熱住宅の普及により結露が発生しやすく，同時にダニ，カビが発生する。また，有機溶剤などを使用した新建材の利用により呼吸器障害やアレルギー性疾患などのいわゆるシックハウス症候群が多発している。揮発性有機化合物（VOC）の放出を抑制するために建材等の放出基準を定め，住宅の機械換気による24時間換気装置の設置を義務付けている[2]。

〔2〕 **必要換気量**　室内の空気汚染物質の換気は**図 5.7**に示すように，汚染物質の物質収支によって計算できる。健康のための必要換気量は（1）酸素供給のための換気量および（2）CO_2希釈のための換気量に分けられる。

酸素供給のための1人当り必要換気量qは式（5.1）で計算されるが式（5.2）で示すようにCO_2希釈のための換気量の1/10程度である。

$$q = \frac{0.067}{0.21 - 0.19} = 3.35 \ [\mathrm{m^3/(h \cdot 人)}] \tag{5.1}$$

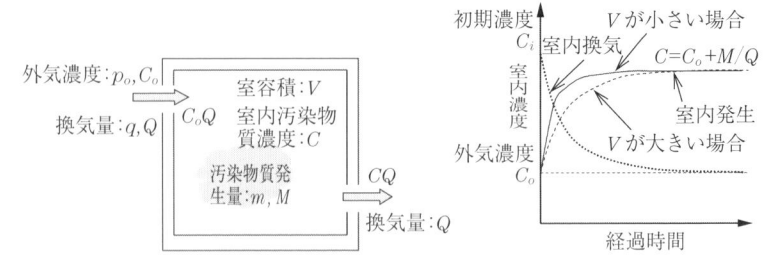

図 5.7 室内の空気汚染物質の換気による収支

CO_2 希釈のための換気量は成人の静座, 休息時の 1 人当り CO_2 発生量 m を 15 $l/(h\cdot 人) (=15\times 10^{-3} [m^3/(h\cdot 人)])$ とし, 外気の濃度 p_o を 0.036 %（360 ppm）とすると, 長期滞在（$p=0.07$ %, 短期の場合は $p=0.1$ %）のための 1 人当り必要換気量 $q [m^3/(h\cdot 人)]$ は式（5.2）のザイデルの式で示される。

$$q=\frac{m}{p-p_o}=\frac{15\times 10^{-3}}{(0.07-0.036)\times 10^{-2}}=44.1 \ [m^3/(h\cdot 人)] \quad (5.2)$$

ただし, m：CO_2 発生量 $[m^3/(h\cdot 人)]$ または $[kg/h]$, p_o：外気 CO_2 濃度 $[m^3/m^3]$ または $[kg/kg]$, p：室内の CO_2 濃度 $[m^3/m^3]$ または $[kg/kg]$ である。

自然換気量の測定は室内に特定のガスを送入し, その濃度変化を計測して間接的に求めるトレーサガス法が用いられる。トレーサが室内でよく混合し, 瞬時拡散, 一様であれば次の式（5.3）〜（5.5）が成り立つ。

増加時　　$$C-C_o=(C_i-C_o)\times e^{-\frac{Q}{V}t}+\frac{M}{Q}(1-e^{-\frac{Q}{V}t}) \quad (5.3)$$

$t\to\infty$ として平衡状態を考えると

平衡時　　$$C-C_o=\frac{M}{Q} \quad (5.4)$$

となり, 発生量 $M=0$ と考えると

減衰時　　$$C-C_o=(C_i-C_o)\times e^{-\frac{Q}{V}t} \quad (5.5)$$

ただし, V：室容積 $[m^3]$, M：汚染物質発生量 $[m^3/h]$ または $[kg/h]$, Q：換気量 $[m^3/h]$, C：ある時刻の室内汚染物質濃度 $[m^3/m^3]$ または $[kg/kg]$, C_o：外気汚染物質濃度 $[m^3/m^3]$ または $[kg/kg]$, C_i：初期の室

内汚染物質濃度〔m³/m³〕または〔kg/kg〕，t：時間〔h〕である。

例題5.1 室容積 V が 35 m³ の室で，CO_2 濃度の減衰を10分ごとに測定し，**表5.4**のような結果を得た。これから室の換気回数および換気量〔m³/h〕を求めよ。ただし，換気回数とは室空気が外気と1時間に何回入れ換わるかを示す数値で，$n=Q/V$ で示され，この値により建物の気密性を評価できる。ただし，外気の CO_2 濃度を 0.03〔%〕とする。

表5.4 室内換気の実験結果

時間（分）	回数	室内CO_2濃度〔%〕
0	1	0.80
10	2	0.51
20	3	0.46
30	4	0.28
40	5	0.21
50	6	0.14

【**解答**】 式（5.5）より，図5.8に示すように，測定値より $(C-C_0)/(C_i-C_0)$ を求めて，片対数グラフにプロットし，回帰直線を求める。

自然対数とすると，グラフの傾きは $-Q/V=-n$ となる。これより，換気回数 $n=Q/V=2.27$，換気量 $Q=2.27×35=79.5$〔m³/h〕が求まる。

$(C-C_0)/(C_i-C_0)=0.98×e^{-2.27t}$
$|r|=0.99$

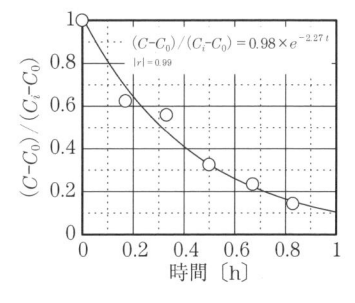

図5.8 ◇

例題5.2 外気の CO_2 濃度を 360 ppm，成人1人当りの CO_2 排出量を 0.017〔m³/(h·人)〕とし，40人の在室者が想定されるときの必要換気量を求めよ[2]。

【**解答**】 換気量 $Q=q×$在室者$=(0.017×40)/(0.001-0.000360)=1062$〔m³/h〕 ◇

5.2.3 外気および室内空気の物理的，化学的変化の影響

外気や室内空気の物理的，化学的変動や変化が直接的・間接的に人の生理や健康にどのような影響をおよぼすか見てみよう。その影響は，日常生活の室内環境に関するものと作業環境など労働衛生に関わるものに区別される。

〔**1**〕 **物理的変化** 急激な温度変化は，高温多湿環境下では熱中症（体温調節，循環機能障害により全身障害）を引き起こし，熱けいれん，熱虚脱，熱

射病につながる。気象庁の日本の熱中症患者の経年変化に関する統計を見ると2000年以降毎年多くの患者数および死亡者数が確認されている。また，超低温下では凍傷，凍死を引き起こす。気圧の変化は，潜函病や高山病を引き起こし，局所的な圧力変化は空気振動となって騒音性軟聴や振動病を引き起こす。その他，気温や湿度によって，人の快適な生活を阻害することがある。

〔2〕 **化学的変化** 酸素欠乏（18％未満）は脳や中枢神経に影響を与える。表 5.5 に酸素濃度と症状を示す。地下工事における無酸素塊の存在や有機物の微生物酸化により酸素消費が起こるマンホール，下水槽などの作業には注意を要する。硫化水素などの還元性物質は臭気による判断も可能なものもあるが検知器や酸素濃度警報機の利用が望ましい。また，高濃度酸素に長時間曝露することも危険である。燃料の不完全燃焼に伴って発生する一酸化炭素はヘモグロビンとの親和性が強く酸素結合を阻害し，死に至る場合がある。その後遺症として神経症状や精神症状が残る。

表 5.5 酸素濃度と症状[3]

濃度〔％〕	症　　状
21	正常
18	安全限界
16	頭痛，むかつき，吐き気，呼吸や脈拍の増加
12	筋力低下，めまい，吐き気
10	嘔吐，意識不明，顔面蒼白
8	昏睡，8分続くと死亡
6	呼吸停止，けいれん，死亡

5.3　大気汚染物質の発生とその影響

5.3.1　大気汚染の歴史

人の健康は化学物質に短期間あるいは長期間曝されることで影響を受ける。その影響の程度は大気の変動・変化の時間的，場所的なスケールによって異なる。表 5.6 は産業革命後世界各地で発生した大気汚染の事例を示したものである。いずれも，逆転層（5.6.3 項）の形成が要因であり，深刻な硫黄酸化物や窒素酸化物による健康被害を伴っている。

表 5.6　大気汚染の事例

事　例	発生状況	健康被害状況
ベルギー・ミューズ渓谷事件 1930年12月	谷地・無風状態・気温逆転 工場からのSO_x, CO, フッ素化合物, 微細粒子など	通常死亡数の10倍 60名死亡, 急性呼吸器系刺激疾患。死因はCOPD。家畜, 鳥, 植物も致死的影響
ロンドン・スモッグ事件 1952年12月	寒冷により暖炉の石炭燃焼量が急増し, SO_x, CO, ばいじんが増加＋安定した大気条件（初冬の気温の逆転層）還元型	高齢者を中心に, 死亡者数が4 000人増加（過剰死亡）。死因はCOPD, 心疾患, 高齢者や乳幼児を中心として気管支炎や気管支肺炎
ロサンゼルス光化学スモッグ事件 1950年3〜9月	海岸盆地, 自動車排気ガス（NO_xと炭化水素）が強い紫外線により反応, 光化学オキシダント（オゾン, アルデヒド, PAN）が発生。酸化型	眼, 咽頭の刺激症状, 喘息と気管支炎の集団発生。65歳以上の1日死亡数が通常死亡の19倍（1 317人）に
ドノラ事件 1948年10月	アメリカペンシルベニア州ドノラにある亜鉛工場からでるばい煙が公害を引き起こした。	20名が死亡, 6000人以上の人々が呼吸器系疾患をわずらった。
四日市ぜんそく 1956年〜	石油コンビナートの化学工業, 火力発電所よりSO_x	気管支ぜんそく等のCOPDが多発。ある地区では住民の3％が罹患
川崎ぜんそく 1950年〜	石油コンビナートの化学工業, 火力発電所からのSO_xと自動車排気ガスのNO_xの影響も加味	慢性気管支炎とぜんそくの集団発生。公害認定患者

COPD：慢性閉塞性肺疾患

5.3.2　大気汚染物質の発生と影響

　大気汚染物質とは人間活動に伴って排出される化学物質のうち, 健康に影響を与えるもののみならず, 環境に何らかの影響を与えるものを指す。したがってCO_2も地球環境のバランスを崩すという観点から注目されている。その発生源は表5.7に示すように（1）自然（2）人為（3）2次的生成の3つに分類される。自然発生源の事例として2000年に起きた三宅島の噴火がある。また, これまで自然現象と考えられていた中国大陸の黄河流域における黄砂の発生, 砂じんは, 近年人為汚染の度合いが高まっている。また, 移動発生源と固定発生源という分類もできる。2次的汚染とは汚染源から排出された汚染物質が図5.9のような経路を経て, 人体や植物に影響を与える複合汚染である。（表5.8参照）。

5. 大 気 環 境

表 5.7 大気汚染の発生源別特徴

（1）自　然	火山等から発生する粉じん，SO_2 などのガス類，温泉地から発生する硫化水素，風で吹き上げられる土壌粒子，砂じんや海塩粒子，動植物の腐敗や発酵などによるガス類
（2）人　為	人間のエネルギー・資源の生産・使用，各種産業の製品製造・加工の工程，農業・畜産などや消費活動で発生する
（3）2次的生成	自然あるいは人為的に排出された1次汚染物質が環境中で物理的，化学的に変化して2次汚染物質を生成する場合で，ガス状物質と浮遊粒子状物質などの個体と接触，反応する過程がある

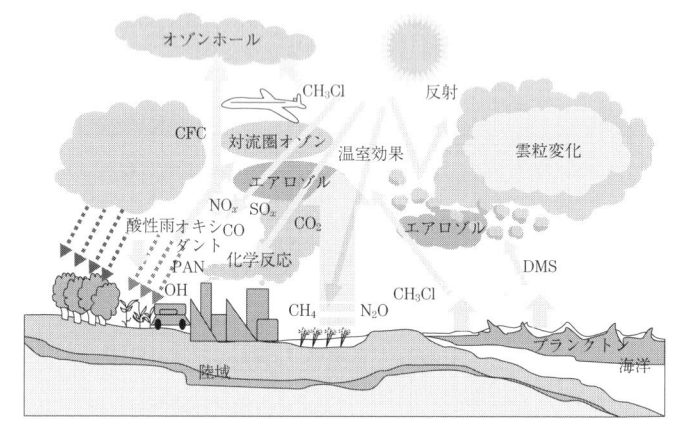

図 5.9 大気汚染物質の発生と拡散過程における2次汚染物質の生成

表 5.8 大気汚染物質とその影響

影響の種類	代表的な物質
気管支ぜんそく，水俣病，発がんなどの人間の健康への直接影響	二酸化硫黄，オゾン，有機水銀，多環芳香族炭化水素，ヒ素，鉛，ダイオキシン類
奇形児など次世代への影響	ダイオキシン類，環境ホルモン
環境中で有害な物質に変質もしくは生成を促進するような物質	低級炭化水素，アルコール類，テルペン類
植物への直接被害	フッ化水素，オゾン，パーオキシアシルナイトレート
環境中の生態系への影響	酸性降下物，PCB，残留農薬，重金属類，環境ホルモン
器物（建築物，文化財など）への影響	酸性降下物（金属腐食，セメント劣化），オゾン（ゴム劣化，退色）
地球環境への影響	二酸化炭素，メタン，一酸化二窒素，ハロカーボン類，対流圏オゾン，エアロゾル

5.3.3 ガス状物質と人体影響

大気汚染物質の濃度などを表記する場合に使用する単位を**表5.9**に示す。

表5.9 単位

g/Nm^3	1気圧の標準状態における気体1m^{3}中のばいじんのg数
mg/Nm^3	1Nm^{3}中のばいじんのmg数
ppm	1m^{3}中に存在する物質のml数，parts per millionは100万分の1，または水1l中に存在する物質のmg数
mol	物質の分子量に等しいグラム数の物質の量を1molとする。 1molの体積は22.4l，kgmolの体積は22.4Nm^{3}である

〔1〕 **二酸化硫黄** 二酸化硫黄（SO_2）は主に石炭，重油の燃焼によって生じ，都市以外の清浄大気には0.004ppm程度含まれる。光酸化を受けて吸湿性が強いSO_3となり，上気道などの身体の粘膜面の水分と反応（$SO_3+H_2O \rightarrow H_2SO_4$）して刺激臭を示す。大気中の濃度の増加に伴い一般の死亡者の増大とともに**慢性閉塞性肺疾患**（COPD, chronic obstructive pulmonary disease）[11]の増加が疫学的に明らかとなっている。子供や高齢者などへの影響が大きい。

〔2〕 **一酸化炭素** 一酸化炭素（CO）は肺胞内において血中のヘモグロビンと結合しCO-Hb（一酸化炭素ヘモグロビン）を生成し，酸素の輸送を阻害し，酸素欠乏症による中枢神経系機能および組織呼吸を阻害するなど中毒症状を引き起こす。30ppmで8時間以上曝露されると血液中のCO-Hbは5％以上となって視覚，精神障害などの急性毒性による影響が出てくる。

〔3〕 **窒素酸化物** 燃焼により発生する窒素酸化物をサーマルNO_x（ノックス）といい，その量は，燃料の種類，燃焼方式，燃焼温度によって異なる。大部分は一酸化窒素（NO）でこれが酸化して二酸化窒素（NO_2）を生じる。健康影響はNO_2の毒性が強い。NO_2は茶褐色の刺激性の気体で1〜3ppmで臭気を感じ，13ppm程度で鼻や目の刺激がある。オキシダントを生成する物質の1つで，水に難溶性のため，SO_2と異なり上気道で吸収が行われないので，刺激を感じず，すべて深部の肺胞に無刺激で到達する。動物実験では閉塞性気管支炎，カタル性気管支炎，細気管支炎，肺気腫等を引き起こすとされている。

〔4〕 **光化学オキシダント**　自動車や工場から排出される1次汚染物質の窒素酸化物と**揮発性有機化合物**（VOC, volatile organic compounds）（特に不飽和炭化水素）が大気中で紫外線による光化学反応でオゾンなどの2次汚染物質を生成する。2次汚染物質としてはオゾン，**ペルオキシアシルナイトレート類**（PANs），NO_2，ホルムアルデヒド，アクロレイン（不飽和アルデヒド）などがある。これらのうちに NO_2 を除いたものを**光化学オキシダント**と呼んでいる。PAN類は式（5.6）のようにペルオキシラジカルと NO_2 の反応で作られる。一般反応式は

$$C_xH_yO_3^* + NO_2 \longrightarrow C_xH_yO_3NO_2 \tag{5.6}$$

ただし，窒素酸化物によるオゾン生成反応は式（5.7）〜（5.9）による。

$$NO_2 + h\nu(\leq 310) \longrightarrow O^* + NO \tag{5.7}$$

$$O^* + O_2 \longrightarrow O_3 \tag{5.8}$$

$$O_3 + NO \longrightarrow O_2 + NO_2 \tag{5.9}$$

また，OHラジカル反応は式（5.10）〜（5.14）のようになる。

$$OH^* + C_2H_6 \longrightarrow H_2O + C_2H_5^* \tag{5.10}$$

$$C_2H_5^* + O_2 \longrightarrow C_2H_5O_2^* \tag{5.11}$$

$$C_2H_5O_2^* + NO \longrightarrow C_2H_5O^* + NO_2 \tag{5.12}$$

$$C_2H_5O_2^* + O_2 \longrightarrow CH_3CHO + HO_2^* \tag{5.13}$$

$$HO_2^* + NO \longrightarrow NO_2 + OH^* \tag{5.14}$$

図 **5.9** のように，PAN類（PANs）は大気中でゆっくりラジカルと NO_2 に分解するので，都市や工業地帯から遠くまで輸送される。PANは窒素酸化物をオゾンが効率的に生成する場所まで輸送するので対流圏のオゾン生成にとって重要である。さらに，SO_2 が共存すると硫酸ミストが生成され影響が強まる。大気汚染防止法（1968年）は第23条の緊急時の措置により，光化学オキシダントの注意報・警報の発令を規定している。0.15 ppm以上で目の刺激，咽頭部しゃく熱を感じ，0.25 ppm以上になるとはっきりとした強い粘膜刺激が認識される。

5.3.4 粒子状物質と人体影響

　大気中の**粒子状物質**（PM, particulate matter）は，工場からの燃焼排出物であるすすや粉じんなど比較的粒径の大きく沈降しやすい**ばいじん**および**粉じん**とディーゼル車の排出ガス中に含まれる黒煙など粒径 10 μm 以下の**浮遊粒子状物質**（SPM, suspended particulate matter）に分けられる。SPM は微小なため大気中に長期間滞留し，肺の奥まで吸収され肺や気管などに沈着して，じん肺，気管支炎，肺水腫，ぜんそくなど呼吸器に影響を及ぼす。

　近年，わが国の大気汚染は自動車排出ガス中の NO_2 についてはいまだ十分な改善が見られていない。さらに，大気中に浮遊している粒子の中で直径が 2.5 μm 以下の微小粒子（PM 2.5）が死亡率の増加や呼吸器疾患などと関連することが指摘されている。特に**ディーゼル排気微粒子**（DEP, diesel emitted particulate）は炭素と灰分からなる固体粒子の集合で，未燃燃料，潤滑油，不完全燃焼生成物，熱分解生成物などが含まれる。ベンツピレンなどの発がん性物質は動物実験においてぜんそくの病態が認められるなどアレルギー疾患との関連が指摘されている。

5.4　その他の大気・空気環境問題

5.4.1　酸　性　雨

　酸性雨は硫黄酸化物（SO_x）や窒素酸化物（NO_x）などが溶解した pH が 5.6 以下の降水を指す。広域な大気の循環とともに移動するが，その輸送メカニズムとして，雨，雪，霧などの降水による輸送を**湿性沈着**（wet deposition），非降水時の粒子状物質やガス状物質（エアロゾル）による輸送を**乾性沈着**（dry deposition）という。

　湖沼や河川等の陸水の酸性化による魚類等水生生物への影響，土壌の酸性化による森林等への影響，樹木，建造物や文化財等への沈着が考えられ，これらの衰退や崩壊を助長することなどの広範な影響が懸念されている。欧米では，酸性雨によると考えられる湖沼の酸性化や森林の衰退等が報告されている。酸

性雨は，原因物質の発生源から 500〜1 000 km も離れた地域にも沈着する性質があり，国境を越えた広域的な現象であるという特徴がある。

欧米諸国では酸性雨による影響を防止するため，1979 年に「長距離越境大気汚染条約」を締結し，関係国が SO_x，NO_x 等の排出削減を進めるとともに，共同で酸性雨や森林のモニタリングや影響の解明などに努めている。また，2001 年度からは，これまでの調査結果や東アジア地域において国際協調に基づく酸性雨対策を推進していくため，酸性雨長期モニタリング計画を策定し，2003 年度から同計画に基づいた酸性雨モニタリング（湿性沈着，乾性沈着，土壌・植生，陸水）を行っている[9]。地域によっては長い期間曝露すればその影響が顕在化するおそれがあるため臨界負荷量（critical load，酸性雨の負荷

コーヒーブレイク

わが国の酸性雨の実態

わが国では環境省が 1983〜2002 年度まで酸性雨対策調査を実施しました。その調査結果によれば，1983 年から 20 年間にわたって，わが国における降水の pH の年平均値は 4.8 とほぼ一定であり，酸性の雨は確認されているものの，急激な土壌の酸性化は進行しておらず，酸性雨が原因で木を枯らせた例は確認できなかったとしています。これは図の中和メカニズムによって説明できます。実は，わが国は火山国であり，年間に排出される硫黄酸化物は圧倒的に自然由来のものが多いのです。このことは酸性雨が問題になる以前から酸性の雨が降っていた可能性を示唆しています。ただし，わが国においても火力発電所に脱硫装置が義務付けられる以前には酸性降下物が樹木に直接的な影響を与えていた可能性はあります。近年，経済発展が著しい中国沿岸部から汚染された大気が九州北部などに流れ込み，光化学スモッグが発生しています。国立環境研究所や九州大は気象条件や統計資料を基にシミュレーション結果を導き出しています。わが国の技術が導入されることは中国のみならず私たち自身も健康被害から守られることになります。

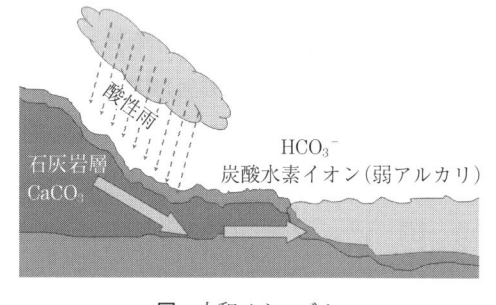

図　中和メカニズム

5.4.2 黄　砂

図 5.10 に示すように，**黄砂**は中国内陸部のタクラマカン砂漠，ゴビ砂漠や黄土高原など乾燥・半乾燥地域で，風によって巻き上げられた土壌・鉱物粒子が偏西風に乗って日本に飛来し，大気中に浮遊あるいは降下する現象である．近年，中国，モンゴルからの黄砂の飛来が大規模化している．黄砂の量や分布状況は環境省黄砂対策 HP（http://soramame.taiki.go.jp/dss/kosa/）内で化学天気予報システム（CFORS）により知ることができる．

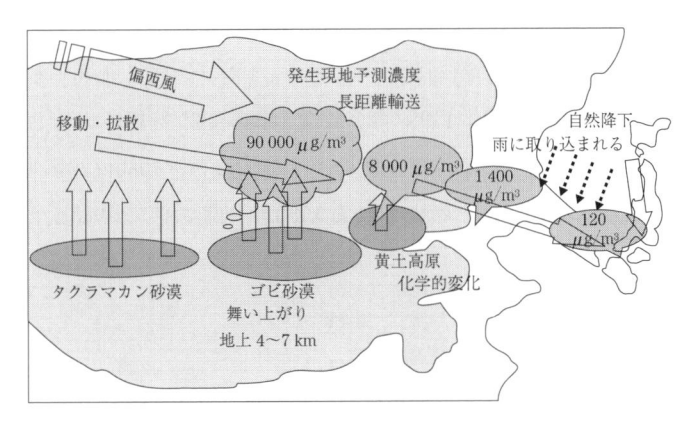

図 5.10　黄砂の発生と日本への飛来

黄砂は自然現象と考えられていたが，森林減少，土地の劣化，砂漠化といった人為的影響による環境問題として認識が高まっており，酸性雨と同様にわが国では越境する環境問題としても注目が高まりつつある．

黄砂対策には土地被覆状況の改善・復旧，風による侵食・砂の移動の緩和，人為的な影響の緩和，土地の環境容量の改善がある．黄砂の状況を把握するため，PM 10（10 μm 以下の粒子状物質），視程（目視可能距離），ライダー（LIDAR, light direction and ranging）の 3 種類の機器を適切に配置し，モニタリングを行っている．それらのデータの収集は各国と協力して効率的に進められている．そして，2003 年より日本，中国，韓国，モンゴルの 4 ケ国によ

る共同プロジェクト（ADB/GEF 黄砂対策プロジェクト）が実施されている。

5.4.3 オゾン層の破壊

強力な温室効果ガスでもある特定フロン CFC（クロロフルオロカーボン），代替フロン HCFC（ハイドロクロロフルオロカーボン），ハロン，臭化メチルなどの物質によりオゾン層が破壊されると，地上に到達する有害な紫外線（UV-B）が増加し，皮膚がんや白内障等の健康被害を発生させるおそれや，植物やプランクトンの生育の阻害等を引き起こすことが懸念される。オゾン層は熱帯地域を除いてほぼ全地球的に 1980 年代を中心に減少したが，1990 年代以降は大きな変化は見られない。また 2006 年の南極域上空のオゾンホールは最大級に発達し依然として深刻な状況にある。「オゾン層を破壊する物質に関するモントリオール議定書」（1987 年）により国際的な枠組みのもとでオゾン層保護対策が進められており，南極域のオゾン濃度は，2060～2075 年ごろに，オゾン濃度が正常であったと考えられる 1980 年以前の値に戻ると予測されている。

5.4.4 ヒートアイランド現象

ヒートアイランド現象とは，都市の気温が郊外に比べて高くなり，等温線が都心部を中心に島状に市街地を取り巻く熱大気汚染現象である。その原因は図 **5.11** にあるように，人工排熱の増加，アスファルトやコンクリートなど人工被覆の増加および緑地や水辺など自然空間の喪失が挙げられる。

その影響として，夏季における昼間の高温化，夜間の熱帯夜等とそれに伴う熱中症などの健康影響や冷房用エネルギー消費の増大に伴う CO_2 排出量の増加などがある。さらに，大気汚染物質の移動にも影響を与え高濃度域が出現することがある。これは海陸風の移動が停滞し，弱風域や収束域が長時間にわたり発生し，内陸域において空気が停滞することにより生じる。夏季においては光化学大気汚染や SPM 汚染が挙げられる。また，冬季の弱風晴天時の夜間には，放射冷却により地表付近の温度が上空よりも低くなる逆転層（**5.6.3** 項）

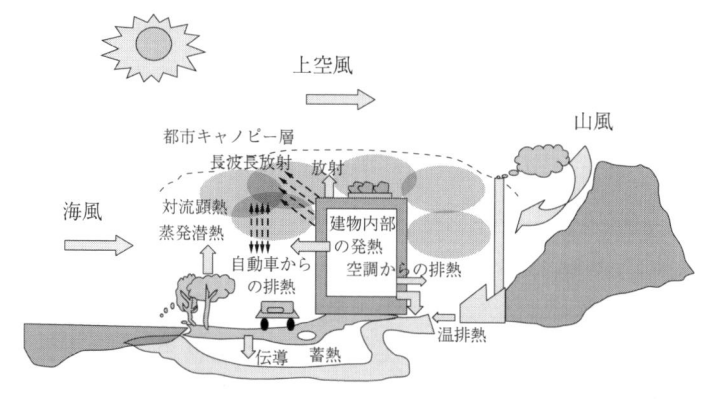

図 5.11 ヒートアイランド現象

が形成され，都市大気の環境を悪化させる．都市の亜熱帯化による生物北限の北上やマラリアやその他の病原菌を媒介する微生物の北上が懸念される．局所的な高温域の出現が夏季の大気を不安定な状態にし，大気エアロゾルが凝結核生成を促し，都市に局所的な大雨を降らせ浸水被害が起きている．

夏季の最大電力と気温との関係には密接な関係があり，気温が1°C上昇することによって増加する最大電力を「気温感応度」というが，東京電力管内では約166万kW/°Cであり，電力供給が火力発電に依存していることを勘案すると，CO_2の排出量は593t増加することになる．また，大都市の地下開発による冷房負荷は地上の約3倍といわれ，さらに都市のヒートアイランド現象に拍車をかける結果となっている．この現象は，気象モデルをベースにした総合的なシミュレーション手法により解析され，現状の再現を行い，省エネルギーや透水性舗装，土地利用・都市構造の誘導，緑化など種々の対策を講じた場合，あるいは人工化が進行した場合の変化の程度を予測するために利用されている．

5.4.5 アスベスト問題

〔1〕 **アスベストによる健康被害**　アスベストは① 繊維状で紡織性を有する，② 耐熱性に優れている，③ 曲げや引っ張りに強い，④ 耐薬品性に優れ

ている，⑤電気絶縁性を有するなどの特性があり様々な工業製品に利用されてきた。アスベストの引き起こす健康被害は古くはアスベスト肺と呼ばれるじん肺があった。さらに，肺がん，胸膜や腹膜にできる悪性中皮腫がある。吸引してから20～30年は自覚症状もなく潜伏期間が長い。この病気による死亡者は1990年ごろから増加しはじめ2035年ごろにピークを迎えるが，2040年までの40年間で10万人に上るといわれている。

　国は1980年代半ばにアスベストの測定法を開発し，詳細なモニタリングを実施した。これをもとに1989年に大気汚染防止法を改正して，アスベスト製造工場敷地境界線で10本/l という排出基準を定めた。96年には特定施設の指定で排出規制を強化したため，大気汚染の特定22物質からアスベストをはずし，モニタリングを止めた。2001年より発表されているPRTR制度の集計好評データによれば，アスベストの日本での使用量は約1 000万tを超える。アスベストのハザードについては認識されているが，リスク評価については裏づけデータが不足している。

〔2〕 **アスベスト対策**　アスベストリスクの削減対策は①解体・除去，②廃棄アスベストの無害化処理，③簡便・迅速な分析・モニタリング技術，④代替品の開発が挙げられる。このうち①に関して，今後アスベストを含有する吹付け材が使用された建築物等の建替え時期を迎え解体作業が増加することが想定される。阪神淡路大震災や中越地震でのアスベスト飛散や倒壊した作業を通じて明らかになった問題点を教訓として生かす必要がある。

　わが国ではいつ巨大な地震が発生しないとも限らないことから，自治体は防災計画の策定に当たって，建物の吹付けアスベスト対策は重要事項として検討する必要がある。職業性疾病に限られたリスクと考えられていたアスベスト問題を，一般環境での曝露とその健康影響としてとらえていく必要が生じる。また，工事作業従事者を含めた工事施工業者や工事発注者の法令順守意識を高めていくこと，一般住民とのリスクコミュニケーションを図っていくことが大切である。

5.5 大気環境の保全対策（法整備と監視・測定）

5.5.1 日本の大気汚染の現状

1.1.3項で述べたように，窒素酸化物および浮遊粒子状物質（SPM）の環境基準達成状況は依然として低い水準で推移している。これは自動車個々の排出量は低下しているものの走行台数が増加するなど全体としての発生量が増加したためである。**環境効率**（eco-efficiency）を指標として考えると，硫黄酸化物は向上しているが自動車排ガスが主要な発生源の窒素酸化物は横ばい状態である。

環境効率とは1992年にリオデジャネイロで開催された地球サミットに向けて，産業界からの提案の1つとして，持続可能な発展のための世界経済人会議（WBCSD）が提唱した概念であり，製品やサービスの生産にあたって環境への負荷の比率を示すものである。自動車の環境効率性を高めるためには，台数を減らすか大気汚染物質の排出係数を小さくしなければならない。排出係数とは，通常1台の自動車が一定の距離を走行する時に排出される大気汚染物質の体積または重量を表し，単位は $m^3/(台・m)$，$g/(台・m)$ である。大気汚染物質の種類，車種（ガソリン車，ディーゼル車の燃料による区分，軽量車，中量車，重量車等の車両重量による区分，燃焼方式による区分），走行速度，道路勾配（縦断勾配），走行モード（＝定常走行か加速・減速区間か）などにより異なる。道路交通による大気汚染の予測などに際しては，道路構造条件，気象条件などとともに，基本となる条件の1つである。

例題 5.3 排出係数を用いた窒素酸化物排出濃度

表 5.10 (a)，(b) に示す値を用いて，AF線の1日窒素排出量を求めなさい。また，換気塔からの排気量を $400×10^6$ $[m^3/day]$ としたときの換気塔からの排出濃度を求めなさい。ただし，自動車排ガス測定局におけるNOとNO₂の割合はNOは64.3％，NO₂は35.7％とする。

5. 大気環境

表 5.10

(a) 単位交通量当りの窒素酸化物排出係数の算出
(年平均排出係数の算出)

路線名称	指　標	昼　間		夜　間	
		大型	小型	大型	小型
AF 線	排出係数〔g/(台・km)〕	2.759	0.778	2.834	1.030
	交通量比率〔％〕	17.2	63.5	5.1	14.2

(b) AF 線の交通量と排出量

区間	距離〔km〕	交通量〔台/day〕
A〜B	1.25	81 000
B〜C	1.85	75 000
C〜D	0.75	68 000
D〜E	1.5	72 000
E〜F	2.65	96 000

【解答】　表 5.11 (a) に単位交通量当りの窒素酸化物排出係数の算出（年平均排出係数の算出）を示す。また図 (b) に AF 線の交通量と排出量を示す。

表 5.11

(a)

路線名称	指　標	昼　間		夜　間		合計
		大型	小型	大型	小型	
AF 線	排出係数〔g/(台・km)〕	2.759	0.778	2.834	1.03	
	交通量比率〔％〕	21.8	58.7	4.2	15.3	
	日平均寄与率	0.601	0.457	0.119	0.158	1.335

(b)

区間	距離	交通量〔台/day〕	走行量〔台・km/day〕	排出量〔kg/day〕
A〜B	1.25	81 000	101 250	135.1
B〜C	1.85	75 000	138 750	185.2
C〜D	0.75	68 000	51 000	68.1
D〜E	1.5	72 000	108 000	144.2
E〜F	2.65	96 000	254 400	339.6
合計				872.1

したがって，年間排出量＝0.87〔t/day〕×365 day＝318〔t〕となる。

次に，平均 NO_x 濃度を算出する。濃度＝NO_x 排出量/排気風量で求められる。したがって，872.1〔kg/day〕/400×10^6〔m^3/day〕＝2.180 mg/m^3 となる。重量比を体積比に変換して，すべて NO（分子量30）とした場合とすべて NO_2（分子量46）とした場合についてそれぞれ計算する。

  0.022 4 m^3/30 g×0.002 180 g/m^3 1.63×10^{-6} m^3/m^3＝1.63 ppm
  0.022 4 m^3/46 g×0.002 180 g/m^3 1.06×10^{-6} m^3/m^3＝1.06 ppm

自動車排ガス測定局における NO と NO_2 の割合を NO は 64.3％，NO_2 は 35.7％であるから，換気搭排出ガスの平均 NO_x 濃度は 1.63×0.643＋1.06×0.357＝1.43 ppm となる。 ◇

5.5.2　大気汚染防止法の制定

5.3 節で述べたように，公害問題に対処するため公害対策基本法（1967年）をはじめとする環境法が整備され，再発防止と被害者の救済に効果を発揮した。さらに，大気汚染防止対策を総合的に推進するために，無過失責任により被害者の保護を図ることを定めた大気汚染防止法が1968年に施行され，硫黄酸化物対策を中心とする産業公害型の大気汚染対策が進展した（**表 5.12** 参照）。

表 5.12　大気汚染対策の進展

1968 年	「ばい煙の排出の規制等に関する法律」（1962 年）を廃止して制定された。
1970 年	指定地域性を廃止して全国的規制の導入，上乗せ規制の導入，規制対象物質の拡大，直罰規定の導入，燃料規制の導入，粉じん規制の導入がなされた。
1972 年	無過失賠償責任規定の整備
1974 年	総量規制制度の導入
1989 年	特定粉じん（アスベスト）規制の導入
1995 年	自動車燃料規制の導入
1996 年	ベンゼン等有害化学物質規制の導入
2001 年	NO_x 法の改正　SPM を対象とする（自動車 NO_x・PM 法）
2004 年	揮発性有機化合物（VOC）規制の導入と改正

5.5.3　大気環境の保全対策

〔**1**〕　**光化学オキシダント対策**　　環境省では「大気汚染物質広域監視シス

テム（愛称：そらまめ君））により，収集したデータを活用してリアルタイムで光化学オキシダントによる被害の未然防止に努めている。

〔2〕 **大都市圏等への負荷集積による問題への対策**　発生源別の対策をまとめたものが**表5.13**である。今後，技術的対応により対策が促進されるこ

表5.13 大都市圏等への負荷集積による問題への対策

固定発生源対策		
大気汚染防止法では窒素酸化物（NO_x），硫黄酸化物（SO_x），ばいじん等のばい煙を発生する施設について排出規制等を行っている。		
移動発生源対策		
（1）自動車排出ガス対策		
ア　自動車単体対策と燃料対策	燃料の低硫黄化について（2006年）	
	特定特殊自動車排出ガスの規制等に関する法律（2005年法律第51号「オフロード法」），「建設業に係る特定特殊自動車排出ガスの排出の抑制を図るための指針」（2006年）	
イ　大都市地域における自動車排出ガス対策	自動車 NO_x・PM 法	
	「今後の自動車排出ガス総合対策のあり方について（意見具申）」（2007年）	
（2）低公害車の普及促進		
	「低公害車開発普及アクションプラン」（2001年）	
	自動車税のグリーン化，低公害車の取得に関する自動車取得税の軽減措置等の税制上の特例措置	
	燃料等供給施設（エコ・ステーション）の設置	
（3）交通流対策		
ア　交通流の分散・円滑化施策	道路網の体系的整備，交差点及び踏切道の改良	
	道路交通情報通信システム（VICS）の情報提供エリアのさらなる拡大及び道路交通情報提供の内容・精度の改善・充実	
	ETC の普及	
	信号機の高度化，公共車両優先システム（PTPS）の整備，総合的な駐車対策等	
	住宅地域の沿道環境の改善（環境ロードプライシング施策）	
イ　交通量の抑制・低減施策	公共交通機関の利用促進	
（4）微小粒子状物質に関する検討		
	PM 2.5，ディーゼル排気粒子（DEP）（環境ナノ粒子）調査研究	
（5）船舶・航空機・建設機械の排出ガス対策		
	海洋汚染等防止法	

とが期待される。

〔3〕 **多様な有害物質による健康影響の防止**　その他有害物質およびアスベスト，ヒートアイランド現象に対する健康影響への防止策を**表5.14**に示す。

表5.14　多様な有害物質による健康影響の防止

有害物質	健康影響の防止策
有害大気汚染物質対策	優先取組物質（中央環境審議会）について常時監視，指針値の設定 PRTRデータおよびモニタリング結果等により排出量や環境濃度等を継続的に検証・評価し対策を検討する。
石綿対策	石綿（アスベスト）による大気汚染を防止する観点から，大気汚染防止法に基づいて，吹付け石綿や石綿を含有する断熱材，保温材及び耐火被服材を使用する建築物の解体等に伴う石綿の排出又は飛散の防止対策の徹底を図る。
ヒートアイランド対策	ヒートアイランド対策大綱に基づき，人口排熱の低減，地表面被覆の改善，都市形態の改善，ライフスタイルの改善 具体的には，調査・観測や熱中症の予防情報の提供とモニタリング，環境技術を活用した対策の検証。緑化，強反射性塗装など建物の省CO_2化の普及促進

有害大気汚染物質は継続的な摂取により人の健康を損なうおそれがある物質で，ベンゼン，ダイオキシン類など22物質が選定されている。これらは，発がん性など長期毒性を有し，環境基準の設定，対策に当たっては生涯リスクレベルを10^{-5}とする。(**1.5.2**項参照)

5.5.4　大気汚染物質および有害大気汚染物質の排出抑制と環境基準

大気汚染に係る環境基準と測定方法を**表5.15**に示す。また，大気汚染の常時監視局と測定項目を**表5.16**(*a*)，(*b*)に示す。細かい備考については省略する。

有害大気汚染物質を排出する事業者は，発生抑制に取り組むことが求められている。**表5.17**に示すようにベンゼン，トリクロロエチレン，テトラクロロエチレン，ダイオキシン類が指定物質として排出抑制基準が定められている。また，**表5.18**に，ダイオキシン類に係る環境基準を示す。

5. 大気環境

表 5.15 大気汚染に係る環境基準と測定方法

物 質	環境上の条件	測定方法
二酸化硫黄 (SO_2)	1時間値の1日平均値が 0.04 ppm 以下であり,かつ,1時間値が 0.1 ppm 以下であること。	溶液導電率法または紫外線蛍光法
一酸化炭素 (CO)	1時間値の1日平均値が 10 ppm 以下であり,かつ1時間値の8時間平均値が 20 ppm 以下であること。	非分散型赤外分析計を用いる方法
浮遊粒子状物質 (SPM)	1時間値の1日平均値が 0.10 mg/m³ 以下であり,かつ,1時間値が 0.20 mg/m³ 以下であること。	ろ過捕集による重量濃度測定方法またはこの方法によって測定された重量濃度と直線的な関係を有する量が得られる光散乱法,圧電天びん法もしくはベータ線吸収法
二酸化窒素 (NO_2)	1時間値の1日平均値が 0.04 ppm から 0.06 ppm までのゾーン内またはそれ以下であること。	ザルツマン試薬を用いる吸光光度法またはオゾンを用いる化学発光法
光化学オキシダント (OX)	1時間値が 0.06 ppm 以下であること。	中性ヨウ化カリウム溶液を用いる吸光光度法もしくは電量法,紫外線吸収法またはエチレンを用いる化学発光法

表 5.16

(a) 大気汚染の常時監視局と測定項目

汚染物質の種類	常時監視局				補助測定局	
	一般環境大気		自動車排出ガス			
	年間値	月間値	年間値	月間値	年間値	月間値
二酸化窒素 (NO_2)	○	○	○	○	○	○
一酸化窒素 (NO)	○	○	○	○	○	○
窒素酸化物 ($NO+NO_2$)	○	○	○	○	○	○
浮遊粒子状物質 (SPM)	○	○	○	○	○	○
二酸化硫黄 (SO_2)	○	○	—	—	○	○
一酸化炭素 (CO)	—	—	○	○	○	○
光化学オキシダント (OX)	○	○	—	—	○	○
非メタン炭化水素 (NMHC)	○	○	○	○	—	—
メタン (CH_4)	○	○	○	○	—	—
全炭化水素 ($NMHC+CH_4$)	○	○	○	○	—	—

表 5.16

(b) 時間スケールによる統計値

		1時間値から算出する統計値	日平均値から算出する統計値
時間スケール	1日	日平均値 8時間平均値（CO） 6～9時の3時間平均値（NMHC, CH$_4$, THC）	―
	1ヶ月	月平均値 昼間の月平均値（OX） 昼間の日最高1時間値の月平均値（OX） 6～9時における月平均値（NMHC, CH$_4$, THC） 月平均値 NO$_2$/(NO＋NO$_2$)（NO$_x$）	―
	1年間	年平均値	2％除外値（SO$_2$, SPM, SP, CO）
		昼間の年平均値（OX）	日平均値の年間98％値（NO, NO$_2$, NO$_x$）
		昼間の日最高1時間値の年平均値（OX）	―
		6～9時における年平均値（NMHC, CH$_4$, THC）	―
		年平均値 NO$_2$/(NO＋NO$_2$)（NO$_x$）	―

表 5.17 有害大気汚染物質（ベンゼン等）に係る環境基準

物　質	環境上の条件	測定方法
ベンゼン	1年平均値が0.003 mg/m^{3}以下であること。	キャニスターまたは捕集管により採取した試料をガスクロマトグラフ質量分析計により測定する方法を標準法とする。また、当該物質に関し、標準法と同等以上の性能を有すると認められる方法を使用可能とする。
トリクロロエチレン	1年平均値が0.2 mg/m^{3}以下であること。	
テトラクロロエチレン	1年平均値が0.2 mg/m^{3}以下であること。	
ジクロロメタン	1年平均値が0.15 mg/m^{3}以下であること。	

表 5.18 ダイオキシン類に係る環境基準

物　質	環境上の条件	測定方法
ダイオキシン類	1年平均値が0.6 pg-TEQ/m^{3}以下であること。	ポリウレタンフォームを装着した採取筒をろ紙後段に取り付けたエアサンプラーにより採取した試料を高分解能ガスクロマトグラフ質量分析計により測定する方法

5.6 大気中におけるばい煙の拡散

5.6.1 汚染濃度の推定

5.5節では大気汚染物質の排出量および排出濃度を燃料の成分組成から算出する方法について学んだ。大気汚染の防止には（1）燃料の高質化（2）汚染物質の排出を抑制する技術（3）大気汚染物質の排出量と環境濃度の定量的な関係を求めることが重要となる。本節では（3）について考えてみる。

大気現象のみならず，自然現象は大小様々のスケールの現象が重なり合っている。時間的に小さな渦現象がさらに上の階層のスケールの渦現象となる。大気環境は大気候から微気候まで様々なスケールの気象現象を理解することが大切である。地球大気環境については大気候，大気汚染や局地的な気候災害は中気候というスケールでとらえる必要がある。大気中でのばい煙の拡散状態は風向・風速，風の乱れ，気温の鉛直分布，大気の熱力学的安定度などの気象条件と地形条件によって決まる。平坦地や比較的凹凸の少ない場所ではこれらの条件が単純で簡単な拡散計算式を適用し，煙濃度を推定することができる。

一方，複雑な地形上や構造物の周辺などでは条件は複雑で風洞実験や液体を用いた実験，現地でのトレーサ実験あるいは拡散方程式を数値解析する方法などがある。粒子状物質や反応性物質などの場合は拡散過程に加えて地物への沈着，雨によるウォッシュアウトやレインアウト，光化学反応などによる過程に考慮しなければならない。

5.6.2 拡散と気象条件

〔1〕 気温勾配，大気安定度と自由対流　　図5.12のように高度の変化に対する気塊の温度変化（dT/dz）は式（5.15）で表され，これを解くと式（5.16）となる。

$$\left(\frac{dT}{dz}\right)_d = -\frac{g}{C_p} = -\gamma_d \tag{5.15}$$

5.6 大気中におけるばい煙の拡散

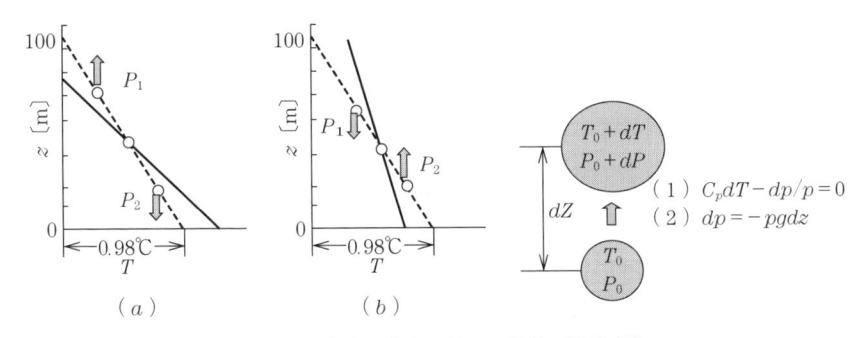

図 5.12 高度の変化に対する気塊の温度変化

(1) $C_p dT - dp/p = 0$
(2) $dp = -\rho g dz$

$$T = T_0 - \gamma_d \times z \tag{5.16}$$

ここで，g：重力加速度，γ_d：乾燥断熱減率（低層大気では 0.976°C/100 m），C_p：空気の定圧比熱である。

一方，湿潤状態では γ_d は 0.65°C/100 m とされる。実際の気温の減率を γ（実線）とすると γ_d との大小関係によって，大気中で上下運動する空気塊は周

表 5.19 地表付近の気温勾配と煙の形およびその特徴

気温勾配と煙の形	特徴
全層不安定状態（ループ形）	煙は上下に大きく蛇行，煙源近くに瞬間的に高濃度が現れる。晴れた日中によく見られる。
全層中立または弱安定状態（すい（錐）形）	拡散は横方向，鉛直方向にほぼ同じ大きさで，煙は円錐形に広がる。ループ形より遠くに最大濃度地点が現れる。
強安定状態（扇形）	拡散は鉛直方向に抑えられ，煙は水平に扇形に広がる。晴れた夜間から朝方によく現れる。
下層安定，上層不安定状態（屋根形）	温度勾配が途中で折れていて，煙は逆転層の上に屋根形をなして広がり，スモッグに関係深い。
下層不安定，上層安定状態（いぶし形）	下層不安定より対流が生じ，煙にいぶされた状態となる。

囲の大気との間に温度差を生じ，矢印の方向に力が働き加速あるいは減速される。大気の上昇下降運動が増加する場合（$\gamma > \gamma_d$）を不安定な大気，抑制される場合（$\gamma < \gamma_d$）を安定な大気，$\gamma = \gamma_d$ を中立の大気と呼ぶ。不安定な気温勾配を強い逓減分布，中立の場合を断熱分布と呼ぶ。安定な気温勾配には弱い逓減分布と逆転分布（逆転層の形成）がある。地表付近の大気の状態は水平および鉛直方向の煙の拡散形状を見ればわかる。地表付近の気温勾配と煙の形との関係およびその特徴を表 **5.19** に示す。

5.6.3 逆転層の形成

逆転層の形成要因には①放射性逆転②地形性逆転③前線性・移流性逆転④沈降性逆転などがある。これらの逆転層では汚染物質の上方への移動は阻害される。大気汚染のエピソードとして有名なドノラやミューズの事件は地形性逆転による（**5.4.1**項）。この逆転層よりも高い煙突を設置することで予防措置が講じられることなった。

5.6.4 風速勾配と強制対流

低層大気中では，地表面摩擦のため風速は高度とともに増大する。平坦地上で大気が熱力学的に中立の場合，地上数十mまでの接地境界層中で風速は**図 5.13**のように対数分布に従い，式（5.17）で表される。

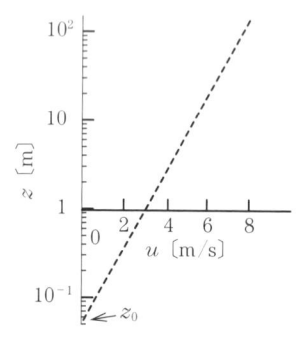

図 **5.13** 風速 u の対数分布

表 **5.20** 典型的な地表面における z_0

地表面	$z_0 \times 10^{-2}$ 〔m〕
平坦な雪原	0.005
平坦な砂原	0.05
雪原	0.1〜0.5
芝生	0.2〜0.5
草原	1.2〜10
森林	10〜100
市街地	100以上

5.6 大気中におけるばい煙の拡散

$$u(z) = \frac{u_*}{k} \ln \frac{z}{z_0} \tag{5.17}$$

ここで，$u(z)$：高度 z〔m〕での平均風速〔m/s〕，u_*：摩擦速度〔m/s〕，k：カルマン定数（～0.41），z_0：空気力学的な地表面粗度〔m〕である。

典型的な地表面における z_0 の値を**表 5.20** に示す。

例題 5.4 風速の鉛直分布が対数分布に従うとき，市街地（$z_0=1.0\,\mathrm{m}$）における地上 10 m と 20 m の高さでの風速〔m/s〕の近似値を計算せよ。摩擦速度 u_* は 1 m/s，カルマン定数 k は 0.4 とする。

【解答】 式 (5.17) より

$$u(10) = \frac{1}{0.4} \ln \frac{10}{1.0} = 5.3 \,\text{〔m/s〕}, \quad u(20) = \frac{1}{0.4} \ln \frac{20}{1.0} = 9.0 \,\text{〔m/s〕} \qquad \diamondsuit$$

5.6.5 排煙拡散の一般的特性

図 5.14 のように，一般的な煙の形をモデル化すると大気拡散式は式 (5.18) のようになる。

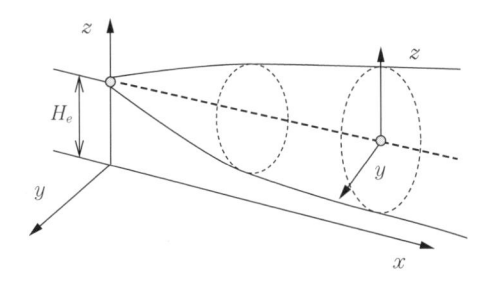

図 5.14 煙の形のモデル化

$$\overline{C}(x,y,z) = \frac{q}{2\pi \overline{U} \sigma_y(x/\overline{U}) \sigma_z(x/\overline{U})} \exp\left[-\frac{y^2}{2\sigma_y(x/\overline{U})^2} - \frac{z^2}{2\sigma_z(x/\overline{U})^2} \right] \tag{5.18}$$

式 (5.18) のガウシアンプルーム（煙流）モデルにおいて，拡散物質が壁面（地表面）で完全反射する場合について述べる。有風の場合，式 (5.19) で示される。

$$C(x,y,z,H_e)=\frac{q}{2\pi\sigma_y\sigma_z U}\exp\left(-\frac{y^2}{2\sigma_y{}^2}\right)$$

$$\times\exp\left[-\left\{\frac{(z-H_e)^2}{2\sigma_z{}^2}\right\}+\exp\left\{\frac{(z+H_e)^2}{2\sigma_z{}^2}\right\}\right]$$

(5.19)

ここで，$C(x,y,z,H_e)$：汚染濃度，σ_y,σ_z：拡散幅，x,y,z：直角座標，q：ガス排出量〔m³/s〕である。この式を用いて，実際に濃度計算するためには，σ_y と σ_z が風下距離 x に対してどの程度の値になるかを知ればよい。Pasquill-Gifford は σ_y と σ_z との関係を図で表示する方法を採用している。いずれも煙流の正規分布を仮定している。

上式において $z=0$ の濃度，すなわち地表濃度は式 (5.19) で表される。

$$C(x,y,0,H_e)=\frac{q}{\pi\sigma_y\sigma_z U}\exp\left(-\frac{y^2}{2\sigma_y{}^2}\right)\times\exp\left(-\frac{H_e^2}{2\sigma_z{}^2}\right) \quad (5.20)$$

また，煙流の中心線に沿った地表濃度（地表軸濃度）は，$y=0$ として式 (5.21) で示される。

$$C(x,0,0,H_e)=\frac{q}{\pi\sigma_y\sigma_z U}\exp\left(-\frac{H_e^2}{2\sigma_z{}^2}\right) \quad (5.21)$$

となる。

例題 5.5 横風方向の濃度分布は式 (5.20) より次式の正規分布で表される。

$$C(y)=C_0\exp\left(-\frac{y^2}{2\sigma_y^2}\right)$$

煙軸濃度 C_0 が 0.01 ppm のとき，煙軸から横方向に 500 m 離れた地点での濃度〔ppm〕はいくらか。ただし，σ_y（横方向拡散幅）は 400 m とする。

【解答】

$$C=C_0\exp\left(-\frac{y^2}{2\sigma_y^2}\right)=0.01\times\exp\left(-\frac{500^2}{2\times400^2}\right)=0.01\times\exp(-0.78)$$
$$=0.0046\,\text{ppm}$$

◇

5.6.6 K 値規制について

大気汚染防止法（1968 年）に基づく固定発生源の硫黄酸化物排出規制に用

いられている．これは日本独特の規制方式で，煙突からの大気中での拡散を考慮して，地上への影響に着目して排出量を規制するという考え方に基づいている．「硫黄酸化物の量について地域の区分ごとに排出口の高さに応じて定める許容限度」(第3条第2項第一号) とし，同法施行規則はその許容限度を式 (5.22) で計算させる (施行規則第3条第1項，同法施行規則第3条第2項).

$$q = K \times 10^{-3} \times H_e^2 \tag{5.22}$$

ここで，q：許容硫黄酸化物排出速度〔Nm³/h〕，H_e：Bosanquet 式による有効煙突高さ〔m〕である (図 **5.15** 参照).

この式から，煙突が低いほど，硫黄酸化物の排出量を少なくしなければならないこととなる．制定当時の局地的な高濃度の二酸化硫黄汚染の解消に効果的であったと評価されている．他方，高煙突化が進み汚染範囲が拡大し，さらに光化学オキシダントや酸性雨のような広域大気汚染が問題になってくると必ずしも有効とはいえず，他の規制手法との組合せが必要とされる．

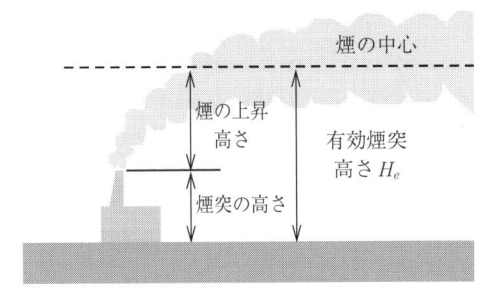

図 **5.15** 有効煙突高さ

ここで，式 (5.22) について考える．式 (5.21) は

$$\sqrt{2}\,\sigma_y = C_y x^{\frac{2-n}{2}} \tag{5.23}$$

$$\sqrt{2}\,\sigma_z = C_z x^{\frac{2-n}{2}} \tag{5.24}$$

と置き換えた場合，O. G. Sutton の式と同じとなる．このとき上式を x について微分し，地表の最大濃度を計算できる．

その結果，最大濃度の現れる点の煙源からの距離 $x_{\max}$ と最大着地濃度 $C_{\max}$ は式 (5.25)～(5.27) で示される．

$$x_{\max} = \left(\frac{H_e}{C_z}\right)^{\frac{2}{2-n}} \tag{5.25}$$

$$C_{\max}=\frac{2}{\pi e}\cdot\frac{C_z}{C_y}\cdot\frac{q}{UH_e^2}\times 10^6 \qquad (5.26)$$

$$q=C_{\max}\frac{\pi e}{2}\cdot\frac{C_y}{C_z}U\times 10^6 H_e^2 = K\times 10^{-3}H_e^2 \qquad (5.27)$$

式(5.27)より最大着地濃度は大気安定度のパラメータ C_y/C_z と風速 U に左右される。安定度については，$C_y/C_z=1$，$U=6\sim10$ m/s を想定し，6 m/s を採用したものである。

例題 5.6 式(5.25)および式(5.26)を導きなさい。

【解答】 式(5.23)および式(5.24)を式(5.21)に代入して次式を得る。

$$C(x)=C(x,0,0,H_e)=\frac{2q}{\pi C_y C_z U}x^{n-2}\exp\left(-\left(\frac{H_e}{C_z}\right)^2 x^{n-2}\right) \qquad (5.28)$$

ここで

$$A=\frac{2q}{\pi C_y C_z U},\quad B=\left(\frac{H_e}{C_z}\right)^2,\quad t=x^{n-2}$$

とすると

$$C(x)=At\exp(-Bt) \qquad (5.29)$$

この式を x で微分して

$$\frac{dC}{dx}=\frac{dC}{dt}\cdot\frac{dt}{dx}=0$$

とおくと

$$\frac{dC}{dx}=Ae^{-Bt}(1-Bt)\times(n-2)t^{\frac{n-3}{n-2}}=0,\quad t=x^{n-2}=\frac{1}{B}=\left(\frac{H_e}{C_z}\right)^{-2},\quad x_{\max}=\left(\frac{H_e}{C_z}\right)^{\frac{2}{2-n}}$$

これを式(5.29)に代入して

$$C_{\max}=\frac{A}{B}e^{-1}=\frac{2q}{\pi eC_y C_z U}\left(\frac{C_z}{H_e}\right)^2=\frac{2}{\pi e}\cdot\frac{C_z}{C_y}\cdot\frac{q}{UH_e^2}$$

となる。ここで，濃度の単位を ppm とすると 10^6 をかけて，式(5.26)となる。◇

例題 5.7 $U=6$ m/s，$C_z/C_y=0.15$ とおき，K 値を対象とする煙突排出ガスの地表における許容濃度の関数として表し，許容濃度を 0.006 ppm としたときの K 値を算定せよ。

【解答】 式(5.27)より

$$K=\frac{C_{\max}}{0.234\,2}\cdot\frac{C_z}{C_y}\times U\times 10^3=\frac{0.006}{0.234\,2}\times 0.15\times 6\times 10^3=23.1 \qquad \diamond$$

5.7 大気汚染の制御

5.7.1 大気汚染物質の除去対策

〔1〕 硫黄酸化物対策　表5.21に硫黄酸化物対策を示す。低硫黄の重油を得る方法と排出ガス中の硫黄分を除去する**排煙脱硫**がある。重油脱硫法として水素化脱硫法により硫黄分を硫化水素にして直接除く方法がある。排煙脱硫法には石灰スラリー吸収法がある。これは石灰石（$CaCO_3$）を吸収剤として式（5.30），式（5.31）に示す反応で石こうを得る。

$$CaCO_3 + SO_2 + \frac{1}{2}H_2O \longrightarrow CaSO_3 \cdot \frac{1}{2}H_2O + CO_2 \qquad (5.30)$$

$$CaSO_3 \cdot \frac{1}{2}H_2O + \frac{1}{2}O_2 + \frac{3}{2}H_2O \longrightarrow CaSO_4 \cdot 2H_2O \qquad (5.31)$$

表5.21 硫黄酸化物対策

(1) 重油脱硫	水素化脱硫法	直接脱硫	高温高圧の重油に水素を吹き込んで反応容器の固体触媒に接触させ硫黄化合物の水素化分解反応により硫化水素として除去。触媒寿命短
		間接脱硫	減圧蒸留により減圧軽油と減圧残油に分け，減圧軽油のみを脱硫する。触媒寿命長
(2) 排煙脱硫	石灰スラリー吸収法		消石灰（$Ca(OH)_2$）や石灰石を粉状にして，排ガスに霧のように吹きつけできた亜硫酸カルシウムをpH 4以下の条件で，酸素と反応させて，石こう（$CaSO_4 \cdot 2H_2O$）を得る。
(3) ガス化脱硫			(1)(2)の中間的な方法

図5.16に排煙脱硫装置を示す。回収した石こうは土壌改良剤やボードに成型して建築材料として利用される。近年，日本国内では排煙脱硫装置に対する設備投資は減少傾向にある。

また，石炭については微粉炭にして静電気により除去する乾式選炭がある。また，適切な燃焼管理により黒煙などの発生を防止したり，作業や燃焼管理を行い有害物質の発生を制御したりするクローズドシステムによる公害防止方法

図中ラベル:
- クリーンガス(煙突へ)
- ポンプ
- 排ガスに霧のように吹き付ける
- 石灰石と水の混合液 石灰石スラリー
- 排ガス
- 酸素と反応させて,石こうとして取り出す
- 亜硫酸カルシウム
- ポンプ

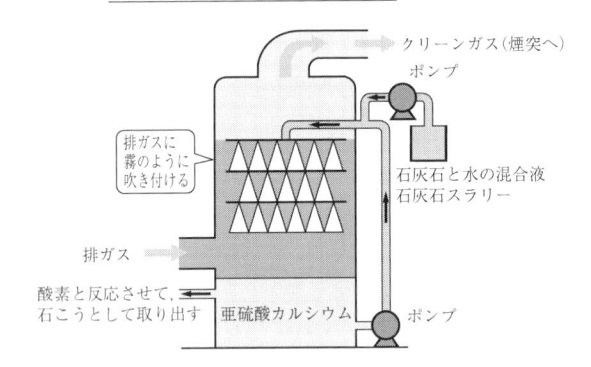

図 **5.16** 排煙脱硫装置

である。工場内における，資源の有効利用なども含まれる。発生源対策とは集じん装置や有害物質処理装置によって大気汚染を防止することである。燃焼管理，作業管理だけでは十分ではない汚染物質に対しては除害装置を設ける必要がある。汚染物の性状に適した除害装置を設けることにより，大気への排出を低減させる。排煙脱硫装置，除じん・集じん装置，有害物質処理装置，自動車へのアフタバーナの取付けなどが，このなかに入る。

〔**2**〕 **窒素酸化物対策** 排ガス中の窒素酸化物の低減（脱硝）には有機窒素化合物の少ない燃料を使用するフューエル NO_x 対策と燃焼域での酸素濃度の低下，高温域滞留時間の減少などサーマル NO_x 対策がある。また，生成した窒素酸化物を分解・除去する方法がある。脱硝のための2段階燃焼・排ガス再循環燃焼方式や式 (5.32)，(5.33) で示すアンモニア接触還元法がある。

$$4NO + 4NH_3 + O_2 \longrightarrow 4N_2 + 6H_2O \tag{5.32}$$

$$NO + NO_2 + 2NH_3 \longrightarrow 2N_2 + 3H_2O \tag{5.33}$$

これらの反応には白金や酸化バナジウムなどの触媒が用いられる。一般的に担体（酸化チタンやアルミナ）に分散させて板状あるいはハニカム状に成形して用いる。そのユニット内に排気ガスを導き反応させる。わが国の窒素酸化物の環境基準達成状況や世界的な自動車生産台数の伸びを見ると，窒素酸化物対策技術に期待するところは大きい。

〔**3**〕 **粉じん対策** 排ガス中の粒子を除去することを除じんといい，集じん装置が用いられる。表 **5.22** に集じん装置の分類と適用範囲を表した。集

5.7 大気汚染の制御

表 5.22 集じん装置の分類と適用範囲

装置名	形式	取扱粒度〔μm〕	除去率	重力	慣性力	遠心力	熱泳動力	拡散	静電気力	設備費	運転費
重力集じん装置	沈降室	1000~50	40~60	◎						小	小
慣性力集じん装置	ルーバー式	100~10	50~70	○	◎	○				小	小
遠心力集じん装置	サイクロン式	100~3	85~95	○	○	◎	△			中	中
洗浄集じん装置	ベンチュリスクラバー	100~0.1	80~95	○	◎		△	◎	△	中	大
ろ過集じん装置	バグフィルタ	20~0.1	90~99	○	◎			◎	△	中以上	中以上
電気集じん装置		20~0.05	90~99.9	○	○			○	◎	大	小~中

じん装置は重力,沈降,慣性衝突,ろ過,液捕集,電気力など主に物理的作用による。

〔4〕 **重力集じん装置** 重力集じんにおいて粒子径が1~数十 μm の場合は,ストークス領域(Re<2)であり,そのとき粒子の沈降速度(分離速度)は式(5.34)のようになる。

$$w_g = \frac{d_p^2(\rho_p - \rho_g)g}{18\mu} \tag{5.34}$$

ここで,w_g:沈降速度〔m/s〕,ρ_p, ρ_g:粒子,ガスの密度〔kg/m³〕,g:重力加速度〔m/s²〕,μ:粘性係数ガス粘度〔Pa·s〕である。

図 5.17 に示すように,重力集じん装置は分離速度が粒子径の二乗に比例するため,小径粒子は除去できない。また,完全に分離できる最小粒子径を100%分離限界粒子径といい,式(5.35)で表される。

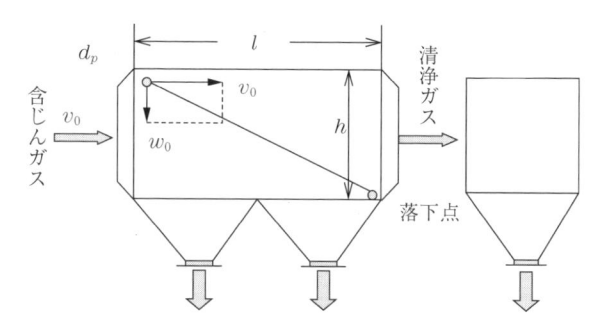

図 5.17 重力集じん装置

$$d_{pc} = \frac{18\mu h v_0}{(\rho_p - \rho_g) lg} \tag{5.35}$$

ただし，d_{pc}：分離限界粒子径〔m〕，l：水平距離〔m〕，v_0：水平ガス流速〔m/s〕，h：高さ〔m〕である。

例題 5.8 式（5.34）を導きなさい。また，ある重力集じん装置の分離限界粒子径は 20 μm であった。この装置の沈降室の長さを2倍にすれば，分離限界粒子径はいくらになるか。

【解答】 沈降速度を導く手順は，一般的な単粒子沈降の式の求め方を参照。
図 5.17 において水平ガス速度を v とし，粒子が高さ h から沈降し，水平距離 l の位置に到達したとすると

$$\frac{w_g}{v} = \frac{d_p^2(\rho_p - \rho_g)g}{18\mu v} = \frac{h}{l}$$

したがって，同一ガス条件で，ダストの密度および沈降室の高さも同じとすると，粒子径と沈降室の長さとの関係は $d_p^2 l = $ const. であるから $d_{p1}^2 l_1 = d_{p2}^2 l_2$ より

$$d_{p2} = d_{p1}\sqrt{\frac{l_1}{l_2}} = d_{p1}\sqrt{\frac{l_1}{2l_1}} = \frac{20}{\sqrt{2}} = 14.1 \ \mu m \qquad \diamondsuit$$

〔5〕 **サイクロン方式** サイクロンの遠心効果は式（5.36）のように，内部での遠心分離力と重力分離力の比で示され，数百から数千の値をとる。

$$Z = \frac{F_c}{F_g} = \frac{R\omega^2}{g} = \frac{v_\theta^2}{Rg} \tag{5.36}$$

ここで，R：サイクロン内の任意の曲率半径〔m〕，ω：角速度〔rad/s〕，v_θ：周分速度〔m/s〕である。

サイクロン方式では，図 5.18 に例を示すように旋回遠心力で粒子を慣性力により除去する。

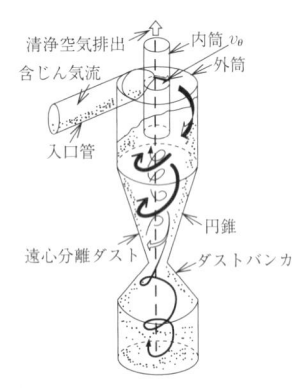

図 5.18 サイクロン方式

例題 5.9 サイクロンの強制渦の半径が 0.25 m，気流の周分速度が 10 m/s

の場合，遠心効率（ダストの分離力と重力の比）はどれくらいになるか．

【解答】 式（5.36）より遠心効率は
$$Z = \frac{v_\theta^2}{Rg} = \frac{10^2}{0.25 \times 9.8} = 40.8$$
となる． ◇

5.7.2 大気汚染の監視体制

大気汚染防止法に基づき，都道府県知事（政令指定都市，中核都市および大気汚染防止法施行令 第13条に定める政令市においては市長）は，大気の汚染の状況を常時監視している．常時監視とは，①自動測定機を用いて，②1時間値を，③1日につき24時間かつ年間を通じて連続測定することである．測定局は，住宅地などの一般的な生活空間における大気汚染の状況を把握するため設置された**一般大気測定局**と道路周辺に配置された**自動車排出ガス測定局**とに大別される．（**表 5.16** 参照）また，固定発生源である工場・事業場については，排出基準の設定や**総量規制**等の規制が行われている．

5.7.3 大気汚染と植物

〔1〕 **指標植物による大気汚染物質のモニタリング** 指標生物によるモニタリングとは，生態学的によく研究され，生息できる環境条件が限られている指標種もしくは指標生物の生息状況や変化から，ある地域の環境の質などを類推・評価することである．このような調査は，高価な測定機械や実験技術を必要とせず，しかも測定時ばかりでなく長い期間の環境の質を類推・評価できるため，学校や市民団体などが大気の汚染状況のみならず水質汚染や自然の豊かさを調査する場合に利用される．植物に対する有害濃度は，ガスの種類，接地時間，接触時における光線，温度，湿度，土壌の水分，植物の生育期，植物の種類や品種などで大きく異なるが，「ガス濃度×接触時間」に支配される．

表 5.23 に大気汚染の生物指標による調査事例をまとめた．SO_2 の指標生物に地衣類の一種であるウメノキゴケがある．SO_2 は，気孔の働きが活発でア

表 5.23 大気汚染の生物指標による調査事例

指標生物	対象汚染物質	指標の特徴	方法
クロマツの葉の気孔	煤	気孔は陥没気孔であり，蒸散を抑えている。気孔の外に外呼吸こうがあり汚染物質が外呼吸こうにたまりやすい。	顕微鏡観察
キョウチクトウの外気孔カイヅカイブキの葉	煤	日本では，道路の街路樹などにもよく使われている。	顕微鏡観察
ケヤキの葉	オゾン	葉に可視障害，異常落葉	観察
ペチュニアの葉	PAN	葉の裏面に可視障害	観察
地衣類（ウメノキゴケ）	SO_2	コケ類（蘚苔類）は必要な水分や養分を雨，霧，露などの空気に含まれる水分や無機物から吸収しており大気中の汚染物質の影響を直接的に受けやすい。年平均の SO_2 濃度が 0.020 ppm 以上の環境では生育することができない。	分布調査大気清浄度指数(IAP)法

ルデヒドの生成も多い幼葉に影響を及ぼす。植物の同化作用および有機酸の分解によって生成されたアルデヒドが気孔から吸収された SO_2 と化合し，ヒドロキシスルホン酸（$(HO)C(SO_3H)$）が形成され，これにより細胞が破壊される。NO_2 などの窒素酸化物の植物に対する毒性は比較的低い。一方，光化学オキシダントの主成分であるオゾンや PAN は毒性が高い。影響として，葉の細胞が破壊し，葉緑素の脱色が急激に進む白色斑点などの可視障害が発現し，樹木の異常落葉が観察される。PAN に感受性が高いペチュニアは葉の裏面に光沢状の可視障害が発現する。また，ケヤキはオゾン感受性が高く，オキシダントなどに対する最も鋭敏な被害状況を示す指標植物である。

〔2〕 **植物による大気環境浄化**　道路沿道の緑化に用いられる街路樹の樹種は自動車排気ガスの影響を受けることを考慮して，汚染に強い種や環境浄化能の高い種が用いられる。岐阜県では大気浄化能力に優れ，かつ潜在植生に適した樹木を大気環境木に選定している。香川県では緑化技術マニュアルでは潜在自然植生または二次林の主要構成樹種および植栽可能な樹種について大気汚染抵抗性などについてまとめている。

演 習 問 題

【1】 地球の炭素，窒素，硫黄の物質循環について調べなさい。

【2】 地球温暖化の影響について調べなさい。

【3】 地球温暖化のメカニズムについて述べなさい（例えば環境省発行の環境・循環社会白書参照）。

【4】 二酸化硫黄および硫化水素の性質とその工業的製法について述べなさい。また，濃硫酸と希硫酸の性質について調べなさい。

【5】 「ばいじん」および「粉じん」の大気汚染防止法における定義を述べなさい。

【6】 ヒートアイランド現象が引き起こす諸問題について考察せよ。（光化学スモッグ，集中豪雨，雨水排水，都市河川，下水道整備，海洋熱汚染）

【7】 ヒートアイランド対策について記述せよ。

【8】 わが国における酸性雨の現状について説明しなさい。

【9】 自分たちが生活している県や市町村の公害対策に関する報告書（環境白書等）や審議会の活動内容について調べなさい。参考（科学技振興機構理科ねっとわーく一般公開版：http://rikanet2.jst.go.jp/contents/cp0220a/start.html）

【10】 大気汚染の指標生物について調べなさい。

6

音　環　境

　本章では，音環境を（1）物理現象としての音，（2）聴覚・心理現象としての音，（3）人の健康や社会生活に関わる現象としての音，の3つの側面から理解する（**1.4**節参照）。

　すなわち，音に関する基礎知識，騒音の定義，音の計測，および評価の技術について学習する（**6.1**節）。さらに，市民生活を支える都市開発から発生する建設作業騒音，および人・物資の移動に伴い発生する交通騒音が市民の日常生活に及ぼす影響を制御する技術や室内空間における騒音制御の技術について学習する（**6.2**，**6.3**節）。また，騒音に関する法律の体系を理解する（**6.4**節）。

6.1　音の発生と伝播

6.1.1　音の発生と伝播

　音の発生源を**音源**（sound source）といい，固体面の振動と開口部などの空気の乱れによるものがある。弾性体としての空気粒子がこれらの振動を受けると隣接する粒子に伝わり**音波**（acoustic wave）となり伝播する。音波を時間波形としてみた場合，正弦波とみなすことができる。

　時間的に同一の振動をする点を連ねてできる面を波面という。点音源から発せられる球面波や線音源による円筒波，無限大平面のピストン振動による平面波などがある。音が伝播する空間を**音場**（sound field）といい，伝播を妨げる物体が存在しない音場を自由音場（自由空間）という。実際の音場では床や壁など音を吸音，遮音，反射・散乱させる物体が存在し，複雑な音場となる。

6.1.2　音のスペクトル

純音（pure sound）は図**6.1**に示すように単一周波数成分からなる。楽器から発生する音は**複合音**（compound tone）と呼ばれ，純音の集合として構成される。周波数を横軸に，各周波数における音のエネルギーの強さを縦軸に表したものを**スペクトル**（spectrum）と呼ぶ。純音や複合音は離散的なスペクトルとなるが，一般に雑音は連続的なスペクトルをもつ。それが一様なものを**白色雑音**（white noise），ある周波数帯域のみをもつものを**帯域雑音**（band noise）という。

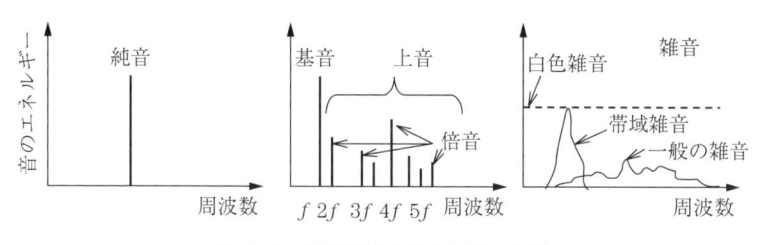

図**6.1**　周波数成分による音の分類

6.1.3　周期・波長・周波数

図**6.2**に示すように音波のうち人の耳に聞こえるものは**可聴音**（audible sound）といい，その振動数すなわち**周波数**（frequency）は20〜20 000〔Hz〕の範囲である。この領域外の音波は**超低周波音**（low frequency sound）や**超音波**（ultrasonic wave）と呼ばれ，人の耳には聞こえない。

周波数を理解するとき時報が1つの目安になるであろう。また，図**6.2**下段に**6.1.6**項で学ぶ音の大きさの事例を示した。目覚まし時計が望ましい騒音レベルの上限，電話のベルの音がうるさいレベルなど日常生活で耳にする様々な音のレベルは目的に応じて設定されている。

音の伝播速度 c〔m/s〕は，音波を正弦波と考え，その周波数を f〔Hz〕，波長を λ〔m〕とすると，$c=\lambda f$ で示される。気温 T〔℃〕の関数として

$$c = 331.5\sqrt{1+\frac{T}{273}} \fallingdotseq 331.5 + 0.61T \ \text{〔m/s〕}$$

174   6. 音　環　境

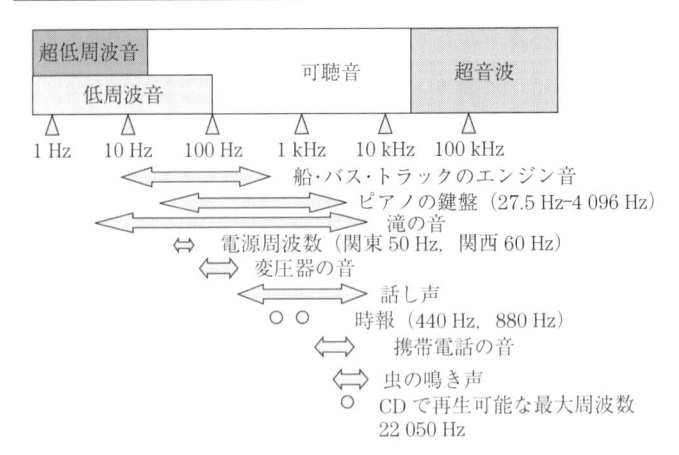

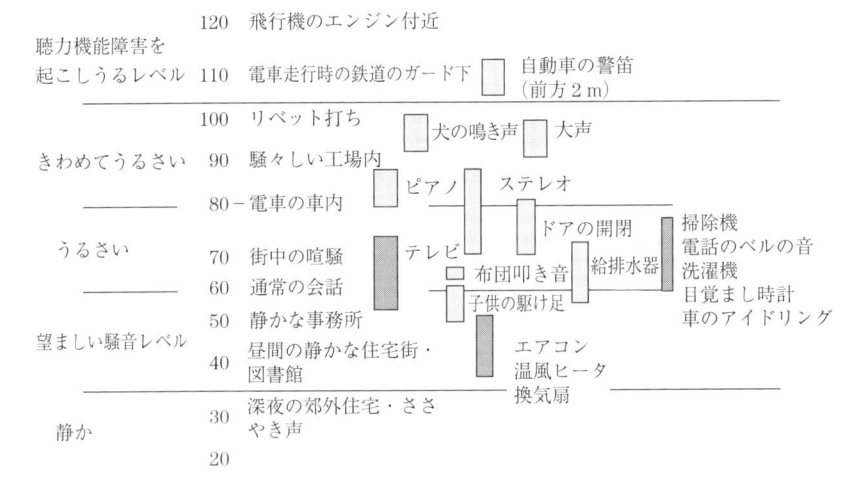

図 6.2　身近な音の周波数と大きさ（騒音レベル）の例

で近似される。

6.1.4　聴覚と音の生理的・心理的効果

音の心理的属性として，音の大きさ（loudness）（6.1.6 項〔1〕），音の高さ（pitch）・音調性（tonality，オクターブ数），音色（tone color）の三要素がある。これらは，音に対する意味づけ，価値判断，感情の変化をもたらす。

6.1 音の発生と伝播

聴覚器官である耳の役割は，図 **6.3** のように空気の圧縮・膨張の時間的変化を電気的信号の変化に変換し，聴覚神経を通じて大脳へ伝達する。すなわち耳は周波数分析機能を備えた音響―電気変換装置といえる。

（空気の振動）⇒ 外耳道 ⇒ 鼓膜の振動 ⇒ 耳小骨の振動
⇒ うずまき管のリンパ振動 ⇒ 基底膜の振動 ⇒ 聴細胞の興奮
⇒ 聴神経 ⇒ 大脳

図 **6.3** 音 の 伝 達

コーヒーブレイク

老人性難聴と今後の課題

長谷川町子さんの漫画サザエさんにマスオさんが「ボーナスもらったよ」と言って，サザエさんが小躍りして喜んでいたら，トーナス（唐茄子：かぼちゃの方言）の聞き違いだったという話がありました。

難聴（deafness）には，外耳（外耳道）や中耳（鼓膜や耳小骨）の障害による伝音難聴およびその奥の内耳（蝸牛）や聴神経の障害や機能低下による感音難聴があります。伝音難聴と異なり感音難聴はほとんどの場合治すことはできません。老人性難聴とは，加齢現象によって引き起こされる感音難聴であり，内耳の蝸牛の機能低下とともに中枢神経の機能も低下するので言葉の判断力も衰えることが特徴です。

その原因として①内耳の「有毛細胞」（センサ）の衰え②聴神経や脳の聴覚中枢の衰え（言葉として理解）があります。老人性難聴への対応策はテレビや電話の音や家族が呼ぶ声，電車やバスの中のアナウンス，電子機器のお知らせ音や相手の会話をいかに効率よく聞き取るかということに主眼が置かれています。

反響のあるコンクリートの壁などの廊下などで会話がなりたたないなどコミュニティに出かけにくくなることが精神的な問題（認知症・鬱）につながります。加齢による老人性難聴の問題は超高齢社会に求められる聞こえのケアの問題です。老人性難聴は治療での改善には限界あり，補聴器で補うしかありません。早めに聴覚の情報を脳に伝え，脳の機能の維持を行うことが必要です。

補聴器はアナログの時代からディジタルさらにインテリジェンス補聴器の時代になっています。変動する環境に合わせて，どのように増幅したらよいか判断する仕組みが組み込まれています。しかし，周囲の理解不足や高度な機能を使い切れないなど課題も多く今後，各個人の生活環境を情報としていかに補聴器に伝えるかが課題となります。

6.1.5 音の物理評価量

〔1〕 音圧と音の強さ　音波が伝わるとき，ある点に着目すると，粒子密度が密部と疎部が交互に現れ，圧力の上昇と下降を繰り返す。この圧力の変動を**音圧**（sound pressure）という。その大気圧からの変動分は時間の関数として式（6.1），図 6.4 のように定義される。

$$p(t) = P_0 \sin 2\pi f t \quad [\text{Pa}] \tag{6.1}$$

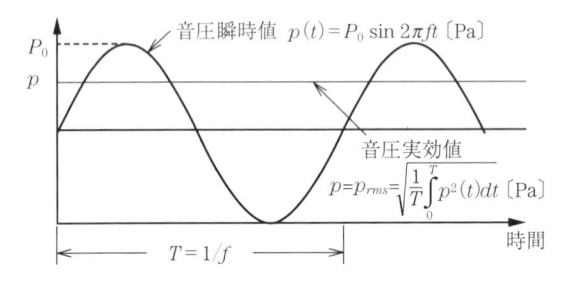

図 6.4　音圧と実効値

また，その大きさを表す際には，式（6.2）のように，1 周期区間（0〜T）の 2 乗平均の平方根である**音圧実効値**（root mean square value）p_{rms} が用いられる。以後，この値を音圧 p と表記して用いる。

$$p = p_{rms} = \sqrt{\frac{1}{T}\int_0^T p^2(t)\,dt} = \frac{P_0}{\sqrt{2}} \quad [\text{Pa}] \quad \text{ただし，} T = \frac{1}{f} \tag{6.2}$$

次に，音波の進行方向に垂直な単位面積を単位時間に通過する音響エネルギーを**音の強さ**（sound intensity）という。音の強さ I と音圧実効値 p との間には，式（6.3）の関係がある。

$$I = pv = \frac{p^2}{\rho c} = \rho c v^2 \quad [\text{W/m}^2] \tag{6.3}$$

ここで，p：音圧〔Pa〕，v：粒子速度〔m/s〕，ρ：媒質密度〔kg/m³〕（空気では約 1.2），c：音速〔m/s〕である。また，ρc はこの媒質の**音響インピーダンス**（acoustic impedance）と呼ばれ，常温（20℃）の空気中では約 414 kg/(m²·s) である。

例題 6.1　音の強さが 10^{-6} W/m² の正弦平面波の音圧実効値 p を求めよ。

ただし，音響インピーダンス $\rho c = 400$ kg/(m$^2 \cdot$s) とする．

【解答】 式 (6.3) を p について解いて値を代入する．
$$p = \sqrt{\rho c I} = \sqrt{400 \times 10^{-6}} = 2 \times 10^{-2} \text{ [Pa]} \qquad \diamondsuit$$

〔2〕 音の強さのレベルと音圧レベル 健康な成人は 1 000 Hz の音波に関して，音の強さでおよそ $10^{-12} \sim 10$ W/m^2，音圧で $10^{-5} \sim 60$ Pa の範囲の音を聞くことができる．ここで，1) 最小可聴音と最大可聴音の音圧の比は 10^7 にも及ぶこと，2) 人間の感覚が対数尺度に対応していること，から Weber-Fechner の法則に従って音圧を対数表示する．すなわち，騒音を評価する場合，**音の強さのレベル** (L_I, sound intensity level) を式 (6.4) で定義し，さらに式 (6.3) の関係から，より測定しやすい音圧を用いた**音圧レベル** (L_P, sound pressure level) を式 (6.5) で定義する．なお，2 つの量の比の常用対数をベル〔B〕と呼ぶが，この 1/10 の単位がデシベル〔dB〕であり，デシベル尺度（音の強さのレベル，音響パワーレベル，音圧レベルなど）の単位として用いる．

$$L_I = 10 \log_{10} \frac{I}{I_0} \text{ [dB]} \qquad (6.4)$$

$$L_P = 10 \log_{10} \frac{I}{I_0} = 20 \log_{10} \frac{p}{p_0} \text{ [dB]} \qquad (6.5)$$

ここで，$I_0 = 10^{-12}$ [W/m^2] で，これに対応する基準音圧を $p_0 = 2 \times 10^{-5}$ Pa とする．このように基準となる量が定められている場合は絶対尺度として用いることができる．ただし，音圧レベルは，聴覚に関係のない音の強さを表示するものである．

例題 6.2 次の音の性質と諸量に関する記述中，(ア)～(ウ) に適当な数値を有効数字 3 桁で計算しなさい．

常温の空気中を伝播する 1 000 Hz の平面進行波の圧力変動を $p = P_0 \sin(\omega t + kx)$ と表す．ω は (ア) [rad/s]，波長 λ は約 (イ) [m] である．また，音圧レベルが 80 dB であれば $P_0 = $ (ウ) である．ここで，基準音圧 p_0 と P_0 とを区別すること．

178   6. 音　環　境

【解答】（ア）周波数が 1 000 Hz で位相差がない場合，式（6.1）より $\omega=2\pi f=2\times3.14\times1\,000=6.28\times10^3$ となる。

（イ）**6.1.3** 項より $\lambda=c/f=0.344$

（ウ）音圧実効値 p〔Pa〕，基準音圧 $p_0=20$〔μPa〕として，音圧レベルは式（6.5）より $p=10^{\frac{L_p}{20}}\times p_0$ となる。式（6.2）よりこの式を $\sqrt{2}$ 倍した値に相当する。$P_0=10^{\frac{80}{20}}\times2\times10^{-5}\times\sqrt{2}=0.283$〔Pa〕　　　　　　　　　　　　◇

〔3〕**音響パワーレベル**　音源が放射しているエネルギーを把握し，伝播の状況がわかれば任意の点における音圧レベルが求められる。ある音源から放射されるエネルギーが毎秒 W〔W〕とすると，その音響パワーレベル（sound power level）は式（6.6）で定義される。

$$L_W=10\log_{10}\frac{W}{W_0}\quad\text{〔dB〕} \tag{6.6}$$

ただし，音響パワーレベルの基準値 W_0 を 10^{-12}〔W〕とする。

〔4〕**複合音の騒音スペクトル**　騒音は複合音であり，時間的に変化する様々な周波数成分からなるので，横軸に周波数 f〔Hz〕，縦軸に音圧レベル L_p〔dB〕をとって周波数成分ごとの音圧レベルを連続した曲線として表示する。これを**騒音スペクトル**（noise spectrum）という。騒音スペクトルの例を図 **6.5** に示す。騒音測定においては，ある範囲の周波数ごとにその音圧レベルを測定し表示する。ただし，f_i および f_{i+1} を高低の遮断周波数，$f_i\sim f_{i+1}$〔Hz〕をバンドという（図 **6.6**）。また，バンドの中心周波数 f_{0i} は式（6.7）で計算される。

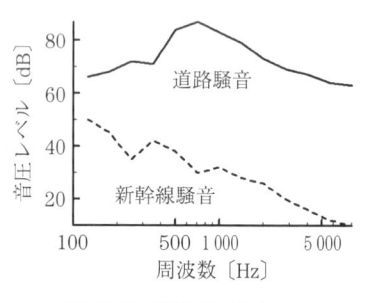

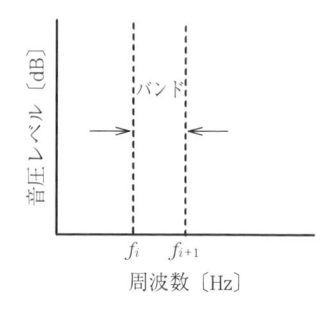

図 **6.5**　騒音スペクトル　　　図 **6.6**　バンド音圧レベル

$$f_{0i}=\sqrt{f_i \times f_{i+1}} \quad (\text{Hz}) \tag{6.7}$$

ここで，f_i：低域遮断周波数〔Hz〕，f_{i+1}：高域遮断周波数〔Hz〕である。また，$f_{i+1}/f_i=2^n$ の関係があるとき f_{i+1} は f_i より n オクターブ高いという。複合音の場合は，合成音全体の音圧レベルをオーバーオール音圧レベル（オーバーオールレベル，全音域音圧レベル）という。これに対して各バンドの音圧レベルをバンド音圧レベル（バンドレベル）という。オクターブバンドレベルの場合は n オクターブバンド音圧レベル（$n=1$ または $1/3$ で $n=1$ は単にオクターブバンド音圧レベル）という。あるバンドのオクターブバンドレベル L_i および音の強さ I_i は式（6.8），（6.9）で示される。

$$L_i = 10 \log_{10} \frac{I_i}{I_0} \quad (\text{dB}) \tag{6.8}$$

$$I_i = I_0 \, 10^{\frac{L_i}{10}} \quad (\text{W}^2/\text{m}) \tag{6.9}$$

合成音の音圧レベル，すなわちバンドレベルのエネルギー和から算出されるオーバーオールレベルは式（6.10）で示される。

$$L_{oa}=10 \log_{10} \frac{I_1+I_2+I_3+\cdots+I_n}{I_0} = 10 \log_{10} \left(\sum_i^n 10^{\frac{L_i}{10}} \right) \quad (\text{dB}) \tag{6.10}$$

表 **6.1** にオクターブバンド中心周波数と遮断周波数を示す。

表 **6.1** オクターブバンド中心周波数と遮断周波数（単位：Hz）

中心周波数	31.5	63	125	250	500	1 000	2 000	4 000	8 000
高域遮断周波数	45	90	180	355	710	1 400	2 800	5 600	11 200
低域遮断周波数	22.4	45	90	180	355	710	1 400	2 800	5 600

例題 6.3 ある機械の騒音を 1/3 オクターブ分析したところ表 **6.2** のような測定値を得た。これらの測定値から中心周波数が 63，125，250，500，1 000 Hz におけるオクターブバンドレベル〔dB〕および騒音レベル〔dB〕を計算しなさい。

表 **6.2**

中心周波数〔Hz〕	50	63	80	100	125	160	200	250	315	400	500	630	800	1 000	1 250
音圧レベル〔dB〕	50	65	78	82	85	86	78	81	78	75	71	69	65	60	50

【解答】 中心周波数 63 Hz のバンドレベルは
$L_{oct63}=10\log_{10}\left(10^{\frac{50}{10}}+10^{\frac{65}{10}}+10^{\frac{78}{10}}\right)=78.2$ dB となる。同様にして，中心周波数 125，250，500，1 000 Hz についてバンドレベルを求めると**表 6.3** のようになる。

表 6.3

中心周波数〔Hz〕	63	125	250	500	1 000
バンドレベル〔dB〕	78.2	89.4	84.0	77.2	66.3

また，オーバーオールバンドレベルは式 (6.9) および式 (6.10) により求められる。
$L_{oa}=10\log_{10}\left(10^{\frac{78.2}{10}}+10^{\frac{89.4}{10}}+10^{\frac{84.0}{10}}+10^{\frac{77.2}{10}}+10^{\frac{66.3}{10}}\right)=91.1$ 〔dB〕 ◇

6.1.6 音の感覚的な尺度

〔1〕 **音の大きさ**　周波数＝1 000 Hz，40 dB の音圧レベルをもつ純音の大きさを 1 sone という。別の任意の周波数をもつ音について，これと同じ大きさに聞こえる場合を 1 sone，n 倍に聞こえるものを n〔sone〕という。

〔2〕 **音の大きさのレベル**　任意の周波数をもったある音の大きさのレベルとは，正常な聴力をもった人がその音と同じ大きさに聞こえると判断した基準値 1 000 Hz の音圧レベルの数値で表す。その単位は音圧レベルと区別するために〔phon〕が用いられる。図 6.7 は Fletcher-Munson の等感曲線と呼ばれ，曲線上の数値は**音の大きさのレベル** (loudness level) P〔phon〕を示し，同一曲線上の音は等しい大きさに聞こえる。なお，**音の大きさ** (loudness) S〔sone〕，音の大きさのレベル P〔phon〕との間には，式 (6.11) で示す関係があり，40〔phon〕の大きさのレベルをもつ音を

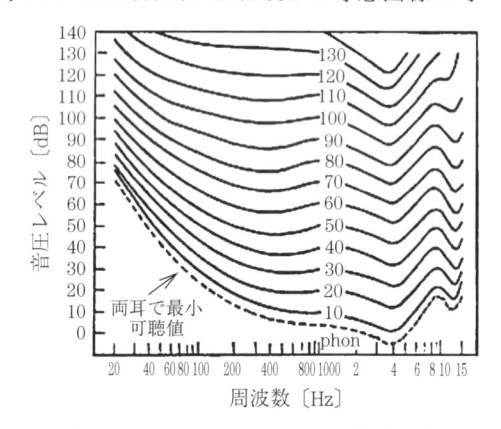

図 6.7　Fletcher-Munson の等感曲線

1〔sone〕と定義している。

$$S = 2^{\frac{P-40}{10}} \text{〔sone〕} \tag{6.11}$$

例題 6.4 音圧レベルと音の大きさのレベル

（1）周波数 1 000 Hz, 音の大きさ 8 sone の純音の音圧レベルは何〔dB〕か。

（2）音圧レベル 80 dB, 周波数 1 000 Hz の純音の音の大きさは何〔sone〕か。

【解答】
（1）式（6.11）より $P = 10 \log_2 S + 40 = 70$〔dB〕となる。
（2）式（6.11）より $S = 2^{\frac{P-40}{10}} = 2^{\frac{80-40}{10}} = 2^4 = 16$〔sone〕となる。 ◇

〔3〕**聴感補正特性** 騒音を評価するために騒音の物理量すなわち周波数バンドごとの音圧レベルに感覚量を対応させる必要がある。その騒音スペクトルに対する重みの周波数特性（レスポンス）は**図 6.8** のように A 特性, C 特性が用いられる。A 特性は低周波数の感度を大幅に下げた特性, C 特性はほぼ平坦な特性である。A 特性および C 特性曲線はそれぞれ**図 6.7** における 40 phon, 100 phon の曲線に相当する。人の感覚に最も近い **A 特性重み付き音圧レベル**（A-weighted sound pressure level）を騒音レベルという。

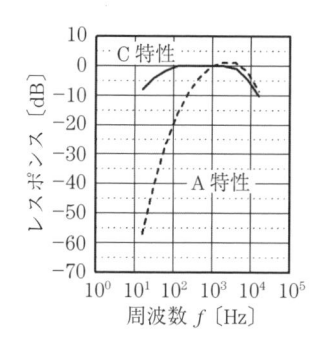

中心周波数 〔Hz〕	A 特性レスポンス 〔dB〕
63	−26.2
125	−16.1
250	−8.6
500	−3.2
1 000	0
2 000	1.2
4 000	1

図 **6.8** 聴感補正特性

〔4〕**騒音レベルの計測** 騒音計測は, JIS C 1502「普通騒音計」および JIS C 1505「精密騒音計」に規定されているように, 聴感補正回路を内蔵した騒音計によりオーバーオールレベル（騒音レベル, 音圧レベル）とバンドレベル（騒音レベル, 音圧レベル）を測定する。また, 周波数分析は, 騒音計に,

$$L_A = 10\log_{10}\left(\sum_i^n 10^{\frac{L_i+\alpha_i}{10}}\right) \ \text{[dB]} \quad (6.12)$$

ここで，α_i は聴感補正値である。

6.2 騒音の減衰と防止技術

6.2.1 伝播防止（距離減衰）

音源から離れると音が小さくなる。これは，音響エネルギー密度が減少する幾何減衰と音の伝播経路で空気の媒質そのものによる振動エネルギーの吸収がある。はじめに，幾何減衰について考える。

〔**1**〕**点 音 源**　点音源の音響出力を W〔W〕とするとき，音源の中心から r〔m〕だけ離れた点の音の強さおよびレベルは，式 (6.13)，(6.14) で示される。ここで，$4\pi r^2$ は半径の球の表面積を表す。

$$I = n \times \frac{W}{4\pi r^2} \ \text{[W/m}^2\text{]} \quad (6.13)$$

$$L_{I,r} = L_W + 10\log_{10}\left(\frac{n}{4\pi r^2}\right) \quad (6.14)$$

ここで，n は音源の指向係数（$1/n$ 自由音場）で自由音場では1である。また図 **6.9** に示すように，点音源が全反射する地上や床の上のような半自由音場で2，1/4自由音場で4，1/8自由音場で8となる。また，$L_{I,r}$ は距離 r〔m〕における騒音レベルであり，L_W は音源から1m離れた場所で測定した値を用いる。

次に，自由音場および半自由音場の場合，それぞれ式 (6.15)，(6.16) となる。

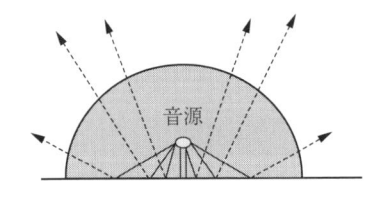

図 **6.9**　音の反射（半自由音場）

$L_p = L_{I,r} = L_W - 20 \log_{10} r - 11 \quad (n=1) \quad (6.15)$

$L_p = L_{I,r} = L_W - 20 \log_{10} r - 8 \quad (n=2) \quad (6.16)$

さらに，A特性の補正をしたパワーレベルを用いれば，式 (6.17)，(6.18) からA特性騒音レベルが得られる。

$L_{pA} = L_{WA} - 20 \log_{10} r - 11 \quad (6.17)$

$L_{pA} = L_{WA} - 20 \log_{10} r - 8 \quad (6.18)$

通常，半自由音場を取り扱うことが多く，より実用的には反射，回折，吸収などの効果を加えた式 (6.19) が用いられる。

$L_{pA} = L_{WA} - 20 \log_{10} r - 8 - a \quad (6.19)$

ここで，a は反射，回折，吸収などの効果である。

〔2〕 線 音 源　無限長の線音源とみなすことができる場合，中心から r〔m〕離れた地点の騒音レベルは式 (6.20)〜(6.22) で示される。

$L_{I,r} = L_W + 10 \log_{10} \left(\dfrac{n}{4r} \right) \quad (6.20)$

$L_p = L_{I,r} = L_W - 10 \log_{10} r - 6 \quad (n=1) \quad (6.21)$

$L_p = L_{I,r} = L_W - 10 \log_{10} r - 3 \quad (n=2) \quad (6.22)$

点音源および線音源の距離減衰を図 6.10 に示す。ここで，点源の場合 $A_2/A_1 = (r_2/r_1)^2$，線源の場合 $A_2/A_1 = (r_2/r_1)$ となる。

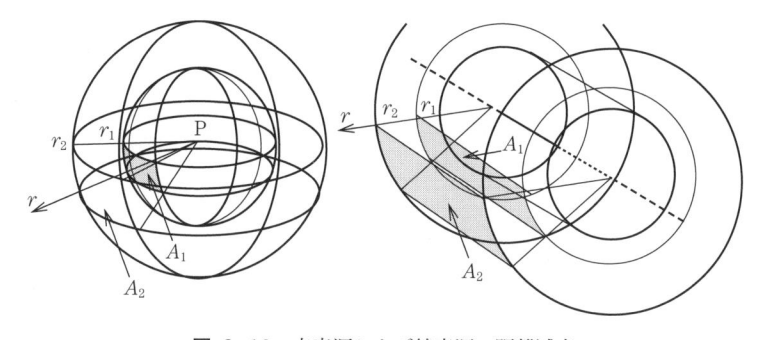

図 6.10　点音源および線音源の距離減衰

例題 6.5　半自由音場にある音源から r〔m〕離れた地点Aとその2倍の

距離にある地点 B の音圧レベルを比較すると何〔dB〕低下するか。音源が点音源と無限線音源の場合について求めなさい(有効数字 2 桁で)。

【解答】 地点 A および地点 B の音圧レベルをそれぞれ,L_{pa} と L_{pb} とすると式 (6.21) および式 (6.22) より
1) 点音源の場合:$L_{pb}-L_{pa}=-20(\log_{10} r_b - \log_{10} r_a) = -20 \log_{10}(r_b/r_a)$
$= -20 \log_{10} 2 = -6.0$ 〔dB〕
2) 線音源の場合:$L_{pb}-L_{pa}=-10(\log_{10} r_b - \log_{10} r_a) = -10 \log_{10}(r_b/r_a)$
$= -10 \log_{10} 2 = -3.0$ 〔dB〕 ◇

6.2.2 吸音(吸音減衰)

〔1〕 吸 音 材 室内の各種の壁面に吸音材を使用することにより,騒音の減少を図ることがある。吸音とは音のエネルギーを吸音材料によって吸収すること,すなわち材料内で熱としてそのエネルギーを消滅させることである。吸音材料の吸音率 α は式 (6.23) で定義される。

$$\alpha = \frac{I_i - I_r}{I_i} \tag{6.23}$$

ここで,α:周波数 f〔Hz〕の音の吸音率,I_i:材料に入射した周波数 f〔Hz〕の音の強さ〔W/m^2〕,I_r:材料で反射した周波数 f〔Hz〕の音の強さ〔W/m^2〕である。

また,材料の面積 S〔m^2〕をとすれば吸音力 A は式 (6.24) で示される。

$$A = \alpha S \quad \text{〔m}^2\text{〕} \tag{6.24}$$

また,室内の全吸音力は,式 (6.25) で示される。

$$A = \sum_{i}^{n} \alpha_i S_i \quad \text{〔m}^2\text{〕} \tag{6.25}$$

室内平均騒音レベルは,式 (6.26) で示される。

$$L_a = L_W + 10 \log_{10}\left(\frac{4}{A}\right) \quad \text{〔dB〕} \tag{6.26}$$

また,音源から十分離れた点のその反射成分のみの音圧レベルは,式 (6.27) で示される。

$$L_r = L_W + 10 \log_{10}\left(\frac{4}{R}\right) \ (\mathrm{dB}) \tag{6.27}$$

ここで，R は室定数と呼ばれるもので，式（6.28）により定義される．

$$R = \frac{A}{1-\bar{a}} \ (\mathrm{m}^2) \tag{6.28}$$

ここで，平均吸音率 $\bar{a} = \sum_{i}^{n} a_i S_i \Big/ \sum_{i}^{n} S_i$ である．

吸音材料の種類を**表 6.4** に示す．最も広く用いられる吸音材料は多孔質材料であり，これに音が入射すると，音は材料内の小さな隙間に入るので，音の周波数に応じて隙間の中の空気は圧縮，膨張を繰り返し，空気の振動や材料への熱伝導などによってエネルギーは失われる．したがって，材料内部がごみやほこりで目詰まりを起こさないようにしなければならない．

表 6.4 吸音材料の種類

種　類	代　表　的　材　料
多孔質材料	ガラスウール，ロックウール，スラブウール，発泡樹脂材料（連続気泡），吹付け繊維材料，焼成岩材料，木毛セメント板，木片セメント板，吸音用軟質繊維板，織物，植毛製品
孔あき板材料	孔あき石こうボード，孔あき合板，孔あきハードボード，孔あきアルミニウム板，孔あき鉄板
板状材料	合板，石こうボード，ハードボード，プラスチック板，金属板

例題 6.6 吸音壁による減衰

図 6.11 に示す部屋において，床の吸音率は 0.1，壁および天井の吸音率はそれぞれ 0.2 である．壁と天井の吸音率を 0.5 に変更すると，室内騒音はどの程度減少するか．ただし，減衰量は吸音力の比のみで決まるものとする．

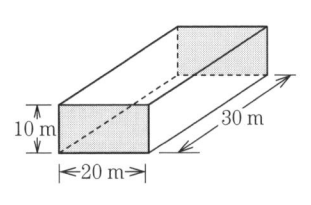

図 6.11

【解答】式（6.25）より室内の全吸音力，式（6.26）より室内平均騒音レベルを吸音率変更前と変更後についてそれぞれ求める方法とあらかじめその差を求める式を導いて計算する方法があり，ここでは後者により求める．

$$L_{a\,after} - L_{a\,before} = L_W + 10 \log_{10}\left(\frac{4}{A_{after}}\right) - L_W - 10 \log_{10}\left(\frac{4}{A_{before}}\right)$$

$$= 10 \log_{10}\left(\frac{A_{before}}{A_{after}}\right) = 10 \log_{10}\left(\frac{860}{380}\right) = -3.0 \text{ [dB]} \qquad \diamondsuit$$

〔2〕 **孔あき吸音構造**　孔あき吸音構造とは，図 **6.12** に示すように各種ボードに貫通孔をあけ，その背後に空気層をとったものである．図中の V：孔1個当りの空洞体積〔m^3〕（$=LD^2$），S：孔1個の開口面積〔m^2〕である．その構造はヘルムホルツ共鳴器と呼ばれ，吸音のメカニズムは単一共振系の共振周波数での激しい振動による内部摩擦で音のエネルギーが熱エネルギーに変換され，吸音される．特徴としては吸音ピークとなる周波数近辺のみ鋭い吸音をもつことであり，その周波数を予測することが重要となる．

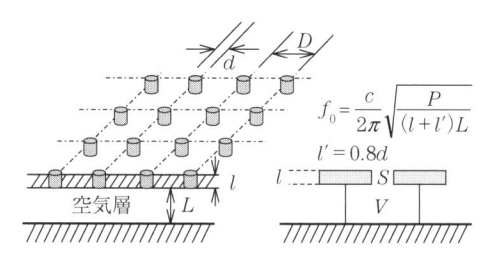

図 6.12 孔あき吸音構造とヘルムホルツ共鳴器

この共鳴周波数（固有振動数）は空気の背後がおよそ 50 cm 以下の場合，式（6.29）で示される．その吸音特性は横軸に周波数をとった場合 f_0 を中心とした山形になる．

$$f_0 = \frac{c}{2\pi}\sqrt{\frac{S}{V(l+l')}} = \frac{c}{2\pi}\sqrt{\frac{P}{(l+0.8d)L}} \quad \text{[Hz]} \qquad (6.29)$$

ただし，$P = \dfrac{\pi d^2}{4D^2}$：孔あき板の開孔率〔－〕とする．$c$：空気中の音速〔m/s〕，$l$：板厚〔m〕，$l'$：頸部長さ（板厚）の補正値（$=0.8d$）〔m〕，$d$：孔の直径〔m〕，$L$：背後空気層の厚さ〔m〕，$D$：孔の間隔〔m〕である．

例題 6.7　図 **6.12** に示す孔あき板の共鳴周波数はおよそ何 Hz になるか．ただし，c：空気中の音速 340 m/s，l：板厚 0.5×10^{-2} m，d：孔の直径 0.7×10^{-2} m，L：背後空気層の厚さ 3.0×10^{-2} m，D：孔の間隔 3.0×10^{-2} m と

する。

【解答】式（6.29）より

$P = \dfrac{\pi d^2}{4D^2}$：孔あき板の開孔率〔－〕として

$$f_0 = \dfrac{c}{2\pi}\sqrt{\dfrac{P}{(l+0.8d)L}} = \dfrac{340}{2\pi}\sqrt{\dfrac{\dfrac{\pi(0.7\times 10^{-2})^2}{4\times(3.0\times 10^{-2})^2}}{(0.5\times 10^{-2}+0.8\times 0.7\times 10^{-2})\times 3.0\times 10^{-2}}}$$

$\qquad\qquad \fallingdotseq 630\,〔\mathrm{Hz}〕$ ◇

6.2.3 防音壁（透過損失と回折）

音の伝播を低減する方法として遮音があり，密閉型，部分型，および開口型の遮音に分けられる。遮音材料の遮音性能は実用上，式（6.30）の**透過損失** TL（transmission loss）で表される。

$$TL = 10\log_{10}\dfrac{I_i}{I_t} \qquad (6.30)$$

ただし，I_i：周波数 f〔Hz〕の入射音の強さ〔W/m²〕，I_t：周波数 f〔Hz〕の透過音の強さ〔W/m²〕である。

防音壁は騒音源に直接手を加える必要がなく比較的容易に防音でき，交通機関の防音対策として利用される。防音壁は部分型の遮音である。音源，または受音源の近くに，塀あるいは塀兼用の倉庫を建てると，音源の反対側には回折音のみしか伝わらないので，騒音レベルは減少する。図 **6.13** のように点源 S から受音点 R へ音が伝わる場合を考える。

図の線分 SOR の長さ $a+b$ と点 S と点 R を結ぶ直線の長さ $c+d$ との行路差

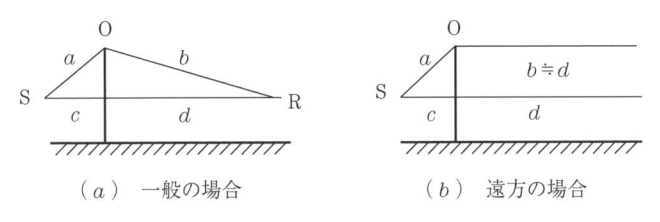

（a）一般の場合　　　　（b）遠方の場合

図 6.13 音の回折

をδとする。この値から，式 (6.31) で定義されるフレネル数 N を求める。

$$N=\frac{\delta}{\lambda/2}=\frac{\delta f}{170} \tag{6.31}$$

減衰量は前川によって式 (6.32) のように**フレネル数**（Fresnel number）N の関数として数式表現されており，コンピュータプログラムへ導入され，有限長障壁や二重障壁の解析に応用されている。ここで，N：フレネル数〔－〕，δ：行路差〔m〕，λ：波長〔m〕である。なお，点源の場合は以下の近似式 (6.32) を用いてよい。

$$ATT=\begin{cases} 10\log_{10}N+13 & N\geq 1.0 \\ 5\pm[8/\sinh^{-1}(1)]\sinh^{-1}(|N|^{0.485}) & -0.324\leq N<1.0 \\ 0 & N<-0.324 \end{cases}$$

（±の符号：＋は $N>0$，－は $N<0$ の場合）

$$\tag{6.32}$$

ここで，ATT：前川による半無限障壁の減音量〔dB〕である。また，N の符号は S と R が見通せない場合は正，塀が低く点 S と点 R が見通せる場合は負とする。なお，$\sinh^{-1}x=\ln[x+(x^2+1)^{\frac{1}{2}}]$ と表現できる。

例題 6.8 図 6.14 の場合，150 Hz の音の点音源 S に対する半無限障壁の減音量 R〔dB〕はいくらになるか。ただし，音速は 340 m/s とする。また，$N=2\delta/\lambda$ とし，式 (6.32) を用いるものとする。

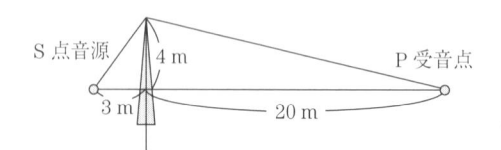

図 6.14 半無限障壁による減音

【解答】 $N=\dfrac{\delta f}{170}=\dfrac{(\sqrt{4^2+20^2}+\sqrt{3^2+4^2}-23)\times 150}{170}=2.11$

$R=10\log_{10}N+13=10\log_{10}2.11+13=16.3$〔dB〕 ◇

6.3 騒音の現状と環境基準

6.3.1 騒音問題の現在までの経緯

第二次世界大戦によって荒廃した日本の国土の復興は農業の復興と産業施設・都市の再建から始まった。この期間，工場騒音や建設作業に伴う騒音公害は「復興の槌音」[1]として潜在化していた。戦後の混乱期から経済成長期に入った1950年代後半には，都市域を中心として工場・事業場からの騒音，建設作業騒音や各種交通騒音の問題が顕在化し，各地方自治体における公害防止条例，騒音防止条例などによる規制が始まった。こうした，法的規制の歩みは1968年に制定された**騒音規制法**（noise regulation law）（図 **6.15**）に集約される[2]。

さらに1970年代に入ると，公害対策基本法によって各種環境騒音についての長期目標を示す「環境基準」（environmental standard）が設定された。欧

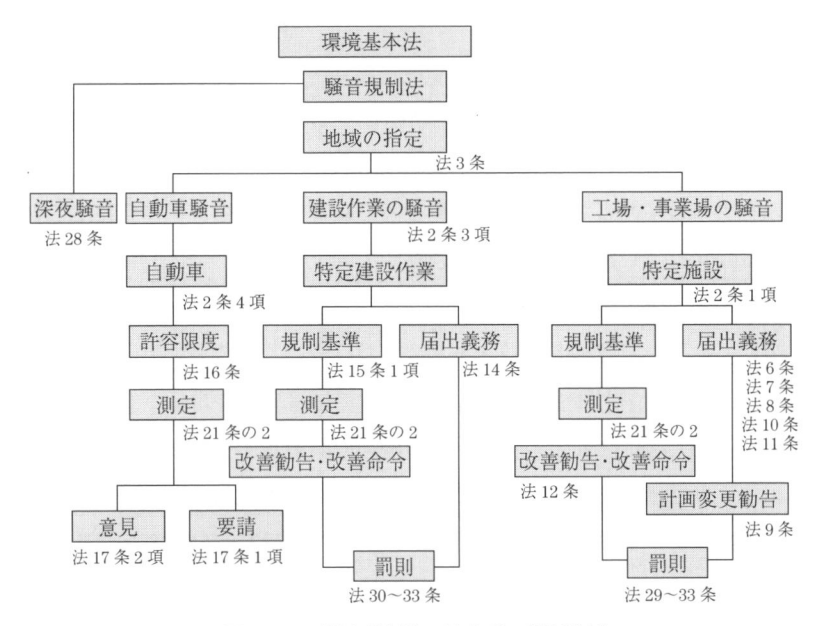

図 **6.15** 騒音規制法の法体系・規制地域

米諸国における機械装置などに直接適用される騒音低減技術を指す「noise control」と異なり，わが国の騒音規制法における工場・事業場の騒音規制は，あくまでも周辺環境への配慮を目的としたもので，工場建物の遮音性能の改善，境界線付近への障壁の設置などの対策で終わる例が多かった。例えば，1983年に発足した建設省（現国土交通省）の低騒音型建設機械の指定制度においても，直接の目標は騒音規制法の規定による建設作業現場周辺の環境に対する騒音の影響低減となっており，作業環境そのものを対象にしたものではなかった。

1980年代に入って道路交通騒音，鉄道騒音，航空機騒音の問題は次第に沈静化に向かったが，背景として環境改善に対する住民の関心と，自治体など行政面の努力によるところが大きい。それとともに各種騒音低減技術の開発と実用化が大きな貢献を果たしてきた。その後，身近な音環境の保全という観点から，特に自動車交通は典型的な都市・生活型公害であり，全国各都市の共通の重要な課題となっていった。

6.3.2 騒音環境の動向

騒音規制法の施行から40年以上が経過し「工場・事業所，建設作業騒音問題」から「道路交通，航空機，新幹線，近隣・広告関係から発生する騒音問題」の解決へと移行してきた。騒音発生源の騒音制御技術，伝播経路での防音壁・塀の開発技術や建築構造物の遮音性能の向上により，全体的に騒音は低減している。

しかし，現行の環境基準を厳守する姿勢だけではこの課題に応えることができない。例えば，個別発生源（固定発生源）の騒音レベルは低下しているが，騒音発生源の大型化，大出力化，台数の増加の問題がある。また，移動発生源といわれる車両（自動車，鉄道など）や航空機は，大型化，台数増加，走行速度の高速化によりその低減効果が相殺されている。受音側の住宅・建築構造物の高密度化や高防音化は，外部騒音の透過を低減する効果を促進したが，住宅・建築構造物内用空調設備機器・電気機器類から発生するかすかな騒音や固

体伝播音は人に対して心理的影響や聴感的影響をもたらしている。また，低周波音や超低周波音による苦情やその影響が顕在化している。

6.3.3 騒音に係る環境基準

〔1〕 生活環境における道路交通騒音に係る基準　環境基本法では，騒音に係る人の健康の保護に資するうえで維持することが望ましい基準を定めている。騒音に係る類型指定ごとの環境基準値は**表6.5**，**表6.6**のように定められている。一部の注や備考については省略している。

表6.5　道路交通騒音に係る環境基準

地域の類型	基準値	
	昼間	夜間
AA	50 dB 以下	40 dB 以下
AおよびB	55 dB 以下	45 dB 以下
C	60 dB 以下	50 dB 以下

1) 時間の区分は，昼間を午前6時から午後10時までの間とし，夜間を午後10時から翌日の午前6時までの間とする。
2) AAを当てはめる地域は，療養施設，社会福祉施設等が集合して設置される地域など特に静穏を要する地域とする。
3) Aを当てはめる地域は，専ら住居の用に供される地域とする。
4) Bを当てはめる地域は，主として住居の用に供される地域とする。
5) Cを当てはめる地域は，相当数の住居と併せて商業，工業等の用に供される地域とする。

ただし，表に掲げる地域に該当する地域（以下「道路に面する地域」という。）については，上表によらず次表の基準値の欄に掲げるとおりとする。

表6.6　(a)

地域の区分	基準値	
	昼間	夜間
A地域のうち2車線以上の車線を有する道路に面する地域	60 dB 以下	55 dB 以下
B地域のうち2車線以上の車線を有する道路に面する地域及びC地域のうち車線を有する道路に面する地域	65 dB 以下	60 dB 以下

幹線交通を担う道路に近接する空間については，上表にかかわらず，特例として次表の基準値の欄に掲げるとおりとする。

表 6.6

(b) 昼夜の基準値

基　準　値	
昼　間	夜　間
70 dB 以下	65 dB 以下
備考：個別の住居等において騒音の影響を受けやすい面の窓を主として閉めた生活が営まれていると認められるときは，屋内へ透過する騒音に係る基準（昼間にあっては 45 dB 以下，夜間にあっては 40 dB 以下）によることができる。	

　また，騒音規制法では生活環境を保全すべき地域を指定し，その地域内における工場や事業所からの騒音と特定建設作業に伴う騒音について規制している。特定工場等から発生する騒音の規制基準を**表 6.7** に示す。また特定建設作業に伴って発生する騒音の規制基準は 85 dB である。敷地境界における騒音の大きさおよび作業時間の規制については**表 6.8** のように定められている。

表 6.7 特定工場等から発生する騒音の規制基準

基準値 (単位：dB)	朝 (6〜8 時)	昼 (8〜19 時)	夕 (19〜22 時)	夜 ((22〜6 時)
第1種区域	45	50	40	40
第2種区域	50	60	50	45
第3種区域	60	65	60	55
第4種区域	65	70	65	60

備考
第1種区域　良好な住居の環境を保全するため，特に静穏の保持を必要とする区域
第2種区域　住居の用に供されているため，静穏の保持を必要とする区域
第3種区域　住居の用にあわせて商業，工業等の用に供されている区域であって，その区域内の住民の生活環境を保全するため，騒音の発生を防止する必要がある区域
第4種区域　主として工業等の用に供されている区域であって，その区域内の住民の生活環境を悪化させないため，著しい騒音の発生を防止する必要がある区域

表 6.8 特定建設作業の規制基準
（a）　敷地境界における騒音の大きさ

規制基準	85 dB

（b）　作業時間の規制

規制項目	第1号区域	第2号区域	適用除外作業
作業ができない時間	午後7時から翌日午前7時まで	午後10時から翌日午前6時まで	イ．災害や非常事態時の緊急作業 ロ．生命身体に対する危険防止のための作業 ハ．鉄道又は軌道の正常運行を確保するための作業 ニ．道路法により占用許可条件に夜間作業が指定された場合 ホ．道路交通法により使用許可条件に夜間作業が指定された場合
1日あたりの作業時間	10時間	14時間	イ．災害や非常事態時の緊急作業 ロ．生命身体に対する危険防止のための作業
同一場所における作業時間	連続6日間		イ．災害や非常事態時の緊急作業 ロ．生命身体に対する危険防止のための作業
日曜・休日における作業	禁止		イ．災害や非常事態時の緊急作業 ロ．生命身体に対する危険防止のための作業 ハ．鉄道又は軌道の正常運行を確保するための作業 ニ．変電所の変更工事で従事者の生命及び身体の安全を確保する作業 ホ．道路法により占用許可条件に夜間作業が指定された場合 ヘ．道路交通法により使用許可条件に夜間作業が指定された場合

※ただし，区域の区分は下表のとおり．

第1号区域	・第一種低層住居専用地域，第二種低層住居専用地域，第一種中高層住居専用地域，第二種中高層住居専用地域，第一種住居地域，第二種住居地域，準住居地域，近隣商業地域，商業地域，準工業地域 ・工業地域，工業専用地域のうち，学校・病院等の周囲80 m以内の区域
第2号区域	・工業地域，工業専用地域のうち，学校・病院等の周囲80 m以外の区域

〔2〕**自動車交通騒音の課題**　自動車交通は国民生活の向上および経済の発展を支える基盤となっているが，エネルギー消費に伴う地球温暖化問題や排気ガスによる大気汚染，道路交通騒音・振動などの局地的な交通公害問題を引き起こしている．自動車交通騒音問題が抱える課題として（1）交通量の増加（2）自動車利用の拡大（3）道路整備の立ち遅れ（4）自動車単体対策の強化，遮音壁や環境施設帯の設置等の道路交通対策の効果の不十分，が挙げられた．

このことから，1999年に工場騒音，自動車騒音等を対象とする「騒音に係る環境基準」が27年ぶりに改訂され，騒音の評価手法として新たに等価騒音レベル L_{Aeq}（equivalent sound level）が採用された。道路交通騒音については，幹線道路沿道において騒音が深刻な状況にあり，効率的に対策を実施することを目的として，幹線交通を担う道路に近接する空間についても環境基準値が設定された。

自動車交通騒音の基準値は，①騒音に係る環境基準②騒音規制法に基づく「要請限度」の2つについて考える必要がある。「環境基準」には「一般地域」と「道路に面する地域」の2つの地域が定められている。一方，「要請限度」とは都道府県知事が，自動車騒音がこの限度を超えていることにより道路周辺の生活環境が著しく損なわれると認めるときは，都道府県公安委員会に対して，道路交通法の規定による措置を取るべきことを要請することができる限度の値（L_{50}）である。全国自治体が調査している自動車交通騒音の「環境基準」達成率は，昼夜とも基準値以下の戸数が2000年は76.9％であったものが2006年では85.4％となっており，ゆるやかな改善傾向にある[3],[4]。

また，幹線交通を担う道路に近接する地点における夜間の環境基準超過率は一般道が最も大きく59.1％であり6dB以上超過する割合が大きかったのも一般道であった。全国の自動車騒音に関する測定データは独立行政法人国立環境研究所環境情報センターにより公開されている[5]。

〔3〕 **鉄道騒音に係る環境基準**　鉄道騒音の環境基準において「新幹線鉄道騒音に係る環境基準」が1975年に環境庁（現環境省）により制定・告示され，地域の類型と基準値が定められている（**表6.9**）。しかし，在来線鉄道による騒音に関しては，このような基準はない。ただし，当面の指針として1997年に「在来線鉄道の新設又は大規模改良に際しての騒音対策について」が示されている（**表6.10**）。評価方法，評価値に関しては新幹線鉄道騒音に関しては「騒音レベルのピーク値（L_{Amax}），在来鉄道騒音に関しては指針値として等価騒音レベル（L_{Aeq}）が用いられる。

表 6.9 新幹線鉄道騒音に係る環境基準

地域の類型	基準値	上り下りあわせて原則として連続20本の通過列車を対象とし，周波数重み特性 A，時間重み特性 S（遅い動特性）を用いて，地上1.2mの高さで通過列車ごとに騒音のピークレベルを測定し，レベルの大きさが上位半数のものをパワー平均して評価を行う。
I	70 dB 以下	
II	75 dB 以下	

I：専ら住居の用に供される地域，II：商工業の用に供される地域等 I 以外の地域であって通常の生活を保全する必要がある地域，午前6時から午後12時までの間の新幹線鉄道騒音に適用する。

表 6.10 在来線鉄道の新設又は大規模改良に際しての騒音対策指針

新線	等価騒音レベル（L_{Aeq}）として，昼間（7〜22時）については60 dB (A) 以下，夜間（22時〜翌7時）については55 dB (A) 以下とする。なお，住居専用地域等居住環境を保護すべき地域にあっては，一層の低減に努めること。
大規模改良線	騒音レベルの状況を改善前より改善すること

〔4〕 **航空機騒音に係る環境基準**　　航空機騒音問題は1960年代から本格化したジェット機の離着陸に伴って，空港周辺の市街地で問題となった。**表6.11**にその変遷を示す。1970年ごろ以降，大阪国際空港（伊丹空港）および福岡空港では，住民が夜間の航空離着陸禁止と損害賠償を求めて訴訟等を提起するに至った。1967年の航空機騒音防止法により，空港周辺の学校や病院等の公共施設に対する防音工事の補助，公民館等の共同利用施設の整備，移転補償等の対策がとられた。

表 6.11 航空機騒音問題の変遷

年	事柄
1959 年	東京国際空港に B 707 が就航し，航空機騒音が問題となる。夜間のジェット機離陸禁止措置
1967 年	公共用飛行場周辺における航空機騒音による障害の防止等に関する法律（航空騒音防止法）制定
1974 年	航空機騒音防止法改正（個人住宅の騒音工事の助成，空港周辺整備計画，空港周辺整備機構）
1975 年	航空法の改正（騒音基準適合証明制度の導入）
1985 年	住宅防音工事が全特定飛行場において完了
2000 年	環境基準達成度 72 %（63飛行場，約 600 地点）

196　6. 音　環　境

　航空機騒音に係る環境基準とは環境基本法に基づき生活環境を保全し，人の健康の保護に資するうえで維持することが望ましい基準として，環境省告示で定められている（1973年）。その測定は原則として連続7日間行い，暗騒音より10 dB以上大きい航空機騒音のピークレベルおよび航空機の機数を記録する。評価は，ピークレベルおよび機数から1日ごとのWECPNL（**6.4.5**項参照）を算出し，そのすべての値をパワー平均して行う。航空機騒音に係る環境基準を**表6.12**に示す。

表6.12　航空機騒音に係る環境基準

地域の類型		基準値（単位：WECPNL）
I	専ら住居の用に供される地域	70以下
II	上記以外の地域であって通常の生活を保全する必要がある地域	75以下

6.4　環境騒音の評価と予測および対策[7)～9)]

6.4.1　変動騒音の評価尺度

　〔**1**〕　L_5とL_{50}　　交通騒音は一般的に時間的に変化する場合が多い。鉄道沿線は一定間隔であるが，道路騒音では不規則に変化するなど様々である。不規則に変化する騒音の表示として，統計的な中央値L_{50}を用いることがある。これはこのレベルを超えている時間が観測時間の50％であることを示している。また，L_5は，90％レンジ（5％～95％）上端値のことで全測定値のうち最大値から全測定値の5％の順位の測定値と同じである。騒音規制法では，騒音の特定工場の敷地境界線における不規則大幅変動騒音レベルは，このL_5により表示するように定められている。

　なお，サンプリングされた騒音レベルの値が正規分布とみなせる場合には，騒音レベルの中央値，標準偏差σ，90％レンジの上端値（L_5, L_{50}）などから式（6.33）に従って等価騒音レベルを統計的に推定することができる。

$$L_{Aeq} = L_{50} + \frac{\sigma^2}{20\log_{10}e} = L_{50} + \frac{(L_5-L_{95})^2}{94.0} = L_{50} + \frac{(L_5-L_{50})^2}{23.5} \quad (6.33)$$

6.4 環境騒音の評価と予測および対策

〔2〕 **等価騒音レベル** ($L_{Aeq,T}$：JIS Z 8731) 通常,時間的に変動するエネルギーを時間平均して対数変換したものを等価レベルという。騒音の場合は式 (6.34), (6.35) の**等価騒音レベル** $L_{Aeq,T}$ (equivalent continuous a-weighted sound pressure level) で表示する。

$$L_{Aeq,T} = 10 \log_{10}\left[\frac{1}{T}\int_{t_1}^{t_2}\frac{p_A^2(t)}{p_0^2}dt\right] \quad (6.34)$$

$$L_{Aeq,T} = 10 \log_{10}\left[\frac{1}{T}\int_{t_1}^{t_2}10^{\frac{L_{At}}{10}}dt\right] \quad (6.35)$$

T：時刻 t_1 から t_2 までの実測時間〔s〕,$p_A(t)$：A 特性音圧,p_0：基準音圧 (20 μPa) である。等価騒音レベルの測定の時間基準を**表 6.13** に示す。L_{At} は任意の時刻の騒音レベルであり式 (6.5) における音圧レベルと同値と考えてよい。離散化した場合の工場作業などに適用される基準化等価騒音レベルは全体の作業時間を 8 時間 (480 分) として,式 (6.36) で表される。

$$L_{Aeq,T} = 10 \log_{10}\left[\frac{1}{480}\sum_i 10^{\frac{L_{At,i}}{10}}t_i\right] \quad (6.36)$$

ここで,$L_{At,i}$：各状況の騒音レベル,t_i：各騒音レベルに曝露している時間である。

表 6.13 等価騒音レベル測定の時間基準

実測時間 measurement time interval	実際に騒音を測定する時間。騒音状態が一定とみなせる時間を意味する観測時間とは異なる	JIS Z 8731-1999
基準時間帯 reference time interval	1つの等価騒音レベルの値の代表値として適用しうる時間帯で対象とする地域の居住者の生活態様及び騒音源の稼働状況を考慮して決める。 昼間：午前 6 時から午後 10 時 夜間：それ以降の翌日 6 時まで	JIS Z 8731-1999
長期基準期間 long-term time interval	基準時間帯よりさらに長い時間の概念。騒音の測定結果を代表値として用いる特定の期間で一連の基準時間帯からなる	

ISO (国際標準化機構 ISO/TC 43) や JIS (日本工業規格 JIS Z 8731-1983) やアメリカにおいても,一般に変動する騒音を評価するのに用いられ,わが国でも「騒音規制法」の改訂により基準値として採用された。この指標を評価法

として採用する利点は，1）騒音問題は人間の主観によるところが大きいが，これとの間に良好な相関が見られること，2）音源が変更されたときの予測が可能なこと，3）種々の音源に適応できること，4）種々の時間に対応ができること，5）測定，算出が容易であること，が挙げられる。したがって，新幹線騒音（ピークレベル：**6.4.3**項参照），航空機騒音（WECPNL：**6.4.5**項参照）などにも適用しうる指標である。

例題 6.9 表 **6.14** のように，ある部屋において窓を全開した場合と閉め切った場合の騒音レベルを測定した。周波数は 1 000 Hz であり，時間率騒音レベルの測定法としては，一般的に 5 秒（Δt に相当）50 回法が使用されている。それぞれの騒音レベルの時間変化を図示して，等価騒音レベルを計算しなさい。

表 **6.14** 測定結果

(a) 窓を全開した状態

47	47	53	49	51	52	53	58	58	57
57	59	58	60	59	58	54	51	52	47
48	48	45	51	50	51	46	50	48	58
58	55	54	57	56	54	46	56	56	55
45	46	40	50	47	48	54	56	55	57

(b) 窓を閉め切った状態

39	45	40	37	43	49	51	47	52	50
48	48	43	48	48	47	52	40	35	43
40	50	44	37	40	45	49	53	51	47
45	43	49	51	49	43	47	44	46	42
43	47	47	53	51	49	52	53	53	48

【解答】 それぞれの場合について横軸に時間，縦軸に騒音レベルをとりプロットしたものを図 **6.16** に示す。等価騒音レベルの計算は表計算ソフトなどを用いて計算する。等価騒音レベルは全開の場合が 54.5 dB，閉め切った場合は 48.3 dB となる。

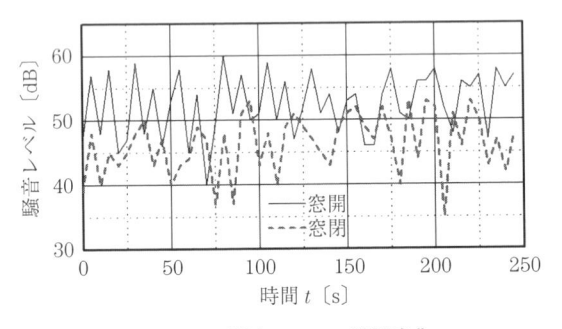

図 **6.16** 騒音レベルの時間変化

6.4.2 自動車交通騒音

[1] 自動車交通騒音対策　道路交通騒音の具体的な対策としては自動車の低騒音化の他に道路構造の低騒音化設計，交通工学的対応，民家防音などがある。道路交通騒音のハード面での対策について**表 6.15** に示す。

表 6.15 道路交通騒音のハード面での対策[6)]

道路構造	具体的効果	備　考
(a) 半地下式の道路	吸音対策処理	排気ガス対策
(b) 遮音壁	新型遮音壁 （ノイズリデューサ）	日照阻害・景観・安全
(c) 低騒音舗装	タイヤ路面騒音対策	排水性舗装が有効
(d) その他	高架裏面吸音対策 トンネル内壁吸音対策 低層遮音壁 バッファビル対策	

例えば，**表 6.16** に示すように 50 km/h 以上の走行速度では，タイヤと路面の間に空気が入ることで発生する騒音がエンジン音を上回る。**低騒音舗装** (low noise pavement) とはこの騒音を舗装空間の中に逃がすことにより，約 3 dB 程度の低減効果（走行台数が半減することに相当）が期待できる。これは図 **6.17** に示すように，表層に雨水を浸透させ，基層（不透水層）において路盤・路床への雨水の浸透を防ぐので透水性舗装（排水性舗装）とも呼ばれるが，ごみ等による目詰まりによって吸音効果および浸透効果が減少する。

表 6.16 走行速度と自動車騒音の発生要因の寄与率

走行速度	要因間の比較		
50 km/h 未満の低速走行	エンジン音＞タイヤと路面の摩擦音		
50 km/h 以上の低速走行	エンジン音＜タイヤと路面の摩擦音		
50 km/h 以上の低速走行の騒音エネルギーの寄与率〔%〕	車種＼要因	エンジン	タイヤ
	普通車	15	85
	大型車	27	73

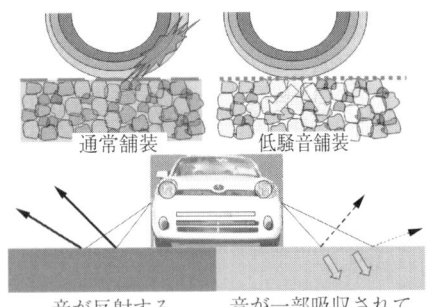

図 6.17 低騒音舗装のメカニズム

〔2〕 **道路交通騒音の予測手法**[14]　交通の発生に伴う騒音問題の生活環境影響を評価する場合，道路交通騒音予測式（日本音響学会式：ASJ Model 1988）が用いられる。その予測手順を**図 6.18** に，各パラメータを**表 6.17** 示す。

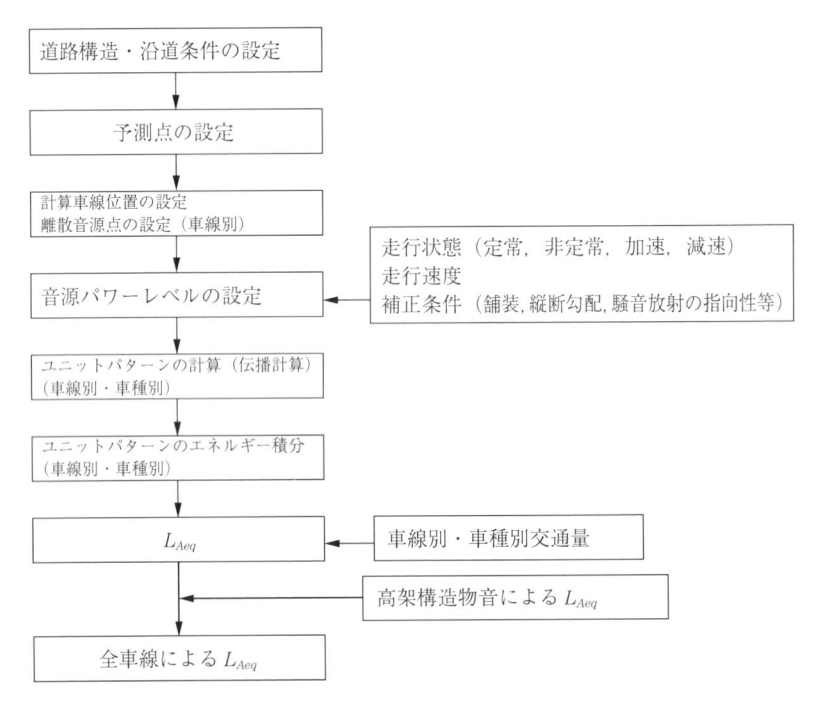

図 6.18 道路交通騒音予測手順

表 6.17　非定常および定常走行区間における各パラメータ

車種分類		$L_{WA}=A+B\log_{10}V$			
		非定常走行区間 (10 km/h≦V≦60 km/h)		定常走行区間 (40 km/h≦V≦140 km/h)	
		A	B	A	B
2 車種分類	大型車	88.8	10	53.2	30
	小型車	82.3		46.7	
4 車種分類	大型車	90	10	54.4	30
	中型車	87.1		51.5	
	小型貨物車	83.2		47.6	
	乗用車	82		46.4	

コーヒーブレイク

騒音のない自動車は危険？

　電気自動車やハイブリッドカーは NO_x や CO_2 の排出も発電所から排出される分を考慮に入れても，ガソリン車やディーゼル車などに比べて地球環境に優しく，走行音（騒音）もとても静かであるというのが最大の特徴です．ところが，この静かな車に騒音が必要として欧米では「静かさ防止法案」が提出されています．アメリカ議会では早ければ2010年の実施を目指し，車が出す音の最低限レベルを決定する法案を検討中です．「ハイブリッド，電気自動車などは音が静かすぎて危険」という声を受けて，歩行者の安全を守るために車が出す騒音の最低レベルを決定する必要があるかどうか，米運輸省が調査を実施しています．こうした法案は州レベルではすでに実施されており，2008年メリーランド州では実際に音の最低レベルを設定する法案が州議会を通過しています．法案は各自動車メーカーに対し2年間のコンプライアンス期間を設定するもので，今年中に法案が可決されれば2010年に販売予定のモデルから，「最低騒音」が義務づけられることになります．また，英ロータスエンジニアリングが「エコカーは静かで危険」として電気自動車はハイブリッドカー向けに車外騒音発生装置『セーフ＆サウンド』を開発しました．これは，リアルなエンジンサウンドにより，低騒音車が走行中であることを周囲に認知させるものです．エンジンサウンドの合成にあたっては，車速信号やスロットペダルの動きを車から拾って，システムのオン/オフや音量・音質を自動的に制御します．ドライバーに聞こえる音はほとんど増えないという．近い将来，どのような音を発する車が街を走っているでしょうか？想像してみると面白いでしょう．

6.4.3 鉄道騒音

各種騒音の統一的,総合的評価の観点から騒音エネルギーの時間平均レベルである L_{Aeq} による評価に関心が集まっている。この L_{Aeq} は列車の単発騒音暴露レベル L_{AE} と1日の列車の運行状況(ダイヤ)から算出できる。鉄道騒音の単発騒音暴露レベル L_{AE} はピークレベル L_{Amax} と密接な関係があり,式(6.37)で与えられる。

$$L_{AE} = L_{Amax} + 10 \log_{10} \tau \qquad (6.37)$$

ここで,τ は列車の通過時間であり,列車長を l〔m〕,車速を V〔km/h〕とすれば

$$\tau = l/(1\,000\,V/3\,600) = \frac{3.6l}{V} \quad 〔s〕$$

路線の1日の営業時間を T〔s〕,運行本数を N〔本〕とすれば,等価騒音レベルは式(6.38)のようになる。

$$L_{Aeq} = L_{AE} + 10 \log_{10}\left(\frac{N}{T}\right) = L_{Amax} + 10 \log_{10}\left(\frac{3.6l}{V}\right) + 10 \log_{10}\left(\frac{N}{T}\right) \qquad (6.38)$$

新幹線では,T を 18 時間 (6:00〜24:00) すなわち $T = 3\,600 \times 18$〔s〕とおくと

$$L_{Aeq} = L_{Amax} + 10 \log_{10}\left(\frac{Nl}{V}\right) - 42.5 \quad 〔dB〕$$

となる。

例題 6.10 (1) 列車長を 400 m,車速を 200 km/h とすると式(6.38)はどのように表すことができるか。(2) また,$N = 300$ 本/日とした場合,一般地域の環境基準および在来鉄道騒音の基準と比較して考察しなさい。

【解答】
(1) 一般環境騒音の基準および在来鉄道騒音の指針はともに L_{Aeq} により設定されている。式(6.38)の新幹線鉄道騒音 L_{Amax} と L_{Aeq} の関係より,列車長を $l = 400$ m (16両),車速を $V = 200$ km/h とすると

$$L_{Aeq} = L_{Amax}^{i} + 10 \log_{10} N - 39.5 \,〔dB〕$$

ただし，$L_{A\max}^{i} = \begin{cases} 70 & (i=1, 住居系) \\ 75 & (i=2, 商工業系) \end{cases}$ （**表 6.9** 参照）

（2）$N=300$ 本/日とすれば住居系地域の基準値は L_{Aeq} に換算し 55 dB，または商工業系は 60 dB となり昼間の時間帯における一般地域の環境基準と一致する。また，在来鉄道騒音の指針値（昼間 60 dB，夜間 55 dB）ともおおむね一致している。新幹線鉄道騒音については今後高速車両化を目指すとしており，各種の対策により騒音振動の低減が図られているが，高速化と輸送力の増強に伴う騒音の増大をいかに制御するかが課題となっている。在来鉄道騒音については，連続立体化事業等により改善が進みつつある。また，磁気浮上式システムの導入が期待されるが，この方式では転動音や構造体の振動が排除されることから，その低減が期待される。　◇

6.4.4 建設作業騒音

建設工事に伴う騒音は，工事期間中に発生する一過性のもので，工事の進捗状況に応じて発生源，その騒音レベルが変動する。建設工事に関して，騒音規制法に基づき，指定地域（都道府県知事が住民の生活環境を保全する必要があると認め，指定した地域）内で特定建設作業を伴う工事を施工しようとする場合には，作業の 7 日前までに，都道府県知事に届出なければならない。特定建設作業とは，騒音規制法施行令（1968 年政令 324 号）において**表 6.18** に示す 8 種類の作業を著しい騒音を発生する特定建設作業としている。

表 6.18 特定建設作業

杭打機，杭抜機および杭打杭抜機を使用する作業	コンクリートプラント
びょう打機を使用する作業	バックホゥ
さく岩機を使用する作業	トラクターショベル
空気圧縮機	ブルドーザー

6.4.5 航空機騒音

航空機騒音は離着陸に伴って発生し他の騒音に比べて間欠的であり，ピークレベル（一回の航空機の飛行で発生する騒音のうちで，最高値となった騒音レベル）が高く広域的である。わが国においてはその指標として国際民間航空機関（ICAO）が提唱した **WECPNL**（weighted equivalent continuous perceived noise level，加重等価平均感覚騒音レベル）が用いられている。これは各航空機の EPNL（実効感覚騒音レベル）から 1 日の累積的総騒音量を式 (6.39）によって求める。

$$\text{WECPNL} = \overline{\text{EPNL}} + 10 \log_{10} N - 39.4 \qquad (6.39)$$

ここで，$\overline{\text{EPNL}}$：全航空機の騒音レベル（EPNL）をパワー平均したもの，N：騒音発生時間帯ごとに重み付けをした機数で次式により求められるものである。

$$N = N_2 + 3N_3 + 10(N_1 + N_4)$$

ただし，N_1：0〜7 時の飛行機数，N_2：7〜19 時の飛行機数，N_3：19〜22 時の飛行機数，N_4：22〜24 時の飛行機数である。

ここで，EPNL という評価単位は，対象騒音を周波数分析して各帯域のうるささをノイジネス（騒音の心理尺度で，騒音のやかましさを表す，単位：noy）により評価し，これに純音補正，継続時間補正を施したものである。さらに，式（6.40）がより現実的であり評価の際によく利用されている。

$$\text{WECPNL} = \overline{dB(A)} + 10 \log_{10} N - 27 \qquad (6.40)$$

ここで，$\overline{dB(A)}$：全航空機の騒音レベルのピーク値をパワー平均したものである。

6.4.6 低周波騒音

低周波音とは図 *6.2* に示したように 1〜100 Hz 程度の音である。特に 20 Hz 以下の非可聴音は超低周波音と呼ばれる。発生源は工場・事業場の機械，道路橋，鉄道，航空機，ダムの放流，発破などである。その影響は**表 *6.19***に示すようなものがある。それぞれの分類において影響が出始める閾値を評価基準としてその影響を考える。例えば，生理的影響では，G 特性音圧レベルで約 100 dB が評価時の参考値とされている。また，その測定は G 特性音圧レベルおよび 1/3 オクターブバンド音圧レベルが考えられている。その対策は，**表 *6.20***に示すように分類できる。特に道路橋対策については**表 *6.21***に示す。

表 6.19　低周波騒音の影響

分類	影響
物理的影響	窓や建具がゆれる，ガタガタと鳴る
心理的影響	圧迫感，振動感
生理的影響	頭痛，頭が重い，睡眠妨害

表 6.20　低周波騒音の対策

分類	対策
発生源対策	膨張型，共鳴型，再度ブランチ型の消音器
伝播経路対策	遮音対策（防音カバー，遮音材料）
受音点対策	がたつき防止（パッキン，ピンチブロック，クレセント付きアルミサッシ窓枠）

表 6.21　低周波騒音の道路橋対策

発生要因	対策
ジョイント部	ジョイント部の段差の解消，ジョイントレス化
床版や桁の振動	箱桁の箱の中に TMD (tuned mass dumper，制御装置）の取付けによる自動車走行時の振動抑制

演 習 問 題

【1】 同じ音響出力の機械を a 台稼働しているとき，全体のパワーレベルは 80 dB であった。(1) この機械を b 台に減らしたときのパワーレベルを表す式を台数比 $n\ (=a/b)$ の関数として導きなさい。(2) $a=10$，$b=4$ のときの全体のパワーレベルを求めなさい。

【2】 オクターブ分析で，ある騒音の周波数分析を行い**表 6.22** のような結果を得た。この騒音の騒音レベルは何 dB になるか計算しなさい。

表 6.22

中心周波数〔Hz〕	63	125	250	500	1 000	2 000	4 000
オクターブバンド音圧レベル〔dB〕	96	81	89	73	80	65	55

【3】 4つの音源 A，B，C，D がある。それぞれの騒音レベルは 60 dB，63 dB，65 dB，70 dB であった。これらを同時に聞いたときの騒音レベルは何 dB か。

6. 音 環 境

【4】 8時間の等価騒音レベル $L_{Aeq,T}$ が75 dBの作業場に新機械の導入により，1時間当り6分ずつ85 dBの騒音が発生することになった。この作業場の等価騒音レベルは約何dBになるか。

【5】 ある小さな機械が半自由音場で連続運転している。125 Hzの騒音を放射している。この機械から20 m離れた位置で測定した音圧レベルは46 dBであった。この場合，機械の放射するパワーレベルはA特性で約何dBか。

【6】 わが国の騒音の現状および環境基準について最新の情報を調べなさい。

【7】 自動車交通騒音問題が抱える課題について記述しなさい。

【8】 交通量の変化に伴う騒音レベルの予測について以下の問いに答えなさい。

(1) 表 6.23 に示すような道路交通騒音の現況に対して，非定常走行時の等価騒音レベルの時間ごとの予測値を計算し，実測値と比較しなさい。

表 6.23 現況の交通量および騒音実測値と将来交通量

時　間	現況交通量			等価騒音レベルの実測値	将来交通量		
	大型車	中型車	小型車		大型車	中型車	小型車
7:00〜8:00	0	1	8	50	0	1	14
8:00〜9:00	0	5	8	56	0	7	11
9:00〜10:00	0	0	3	52	0	9	3
10:00〜11:00	1	0	4	50	1	7	4
11:00〜12:00	0	0	16	51	0	4	16
12:00〜13:00	0	2	4	54	0	4	4
13:00〜14:00	0	2	9	53	0	8	9
14:00〜15:00	0	0	10	51	0	6	10
15:00〜16:00	0	0	8	54	0	8	8
16:00〜17:00	0	0	5	47	0	0	5
17:00〜18:00	0	1	6	58	0	1	15
18:00〜19:00	0	0	4	47	0	0	4
合計	1	11	85		1	53	103

(2) 将来廃棄物運搬車両の走行により等価騒音レベルがどのように変化するか予測し，昼間（6:00〜22:00）の基準値を超過しないか判定し

なさい。
(3) 定常走行時と非定常走行時では騒音レベルにどの程度差異があるか計算しなさい。なお，計算に用いる数値は**表 6.24**に示すとおりである。

表 6.24 計算諸元

記号	意 味	基準値
T_0	基準時間〔s〕	1 s
Δl_i	区間距離〔m〕	5 m
V_i	i 番目の区間における自動車の走行速度〔m/s〕	20 km/h
r	音源から受音点間での距離〔m〕	3.2 m
Δt_i	音源が i 番目の区間に存在する時間 $\left(=\dfrac{\Delta l_i}{V_i}\right)$〔s〕	—

引用・参考文献

1章
1) 小林丈広：近代日本と公衆衛生―都市社会史の試み，雄山閣出版（2001）
2) 内藤通孝編：公衆衛生学入門，昭和堂（2007）
3) 環境省環境保健部，http://www.env.go.jp/chemi/communication/taiwa/text/3s.pdf （2008年12月現在）
4) 三原市水道局：なるほど中本先生の水コラム，http://www.mihara-waterworks.jp/sensei/01.htm，同様に/02.htm, /03.htm （2008年12月現在）
5) 渡辺征夫ほか：環境科学，実教出版（2006）
6) 社団法人日本騒音制御工学会，http://www.ince-j.or.jp/ （2008年12月現在）
7) 環境省：残したい日本の音風景百選，http://www.env.go.jp/air/life/oto/ （2008年12月現在）
8) 日本サウンドスケープ協会，http://www.saj.gr.jp/index.html （2008年12月現在）
9) 鈴木賢二：物売りの声がきこえる―記憶の風景―，創風社（2002）
10) 化学物質リスク管理センター：詳細リスク評価テクニカルガイダンス―詳細版―その1（2005）
11) 寺沢弘子：化学物質の環境リスク概論，埼玉県リスコミサポーター育成研修会資料（2006）

2章
1) 水道施設設計指針・解説　1977年版，日本水道協会（1977）
2) 丹保憲仁：上水道，技報堂出版（1980）
3) 海老江邦雄，芦立徳厚：衛生工学演習，森北出版（1992）
4) 末石冨太郎編著：衛生工学，鹿島出版会（1987）
5) 合田健ほか編：衛生工学ハンドブック，朝倉書店（1967）
6) 広瀬孝六郎：都市上水道，技報堂出版（1970）
7) 北栄建設：水道用の膜ろ過について，http://www.hokuei-k.co.jp/17.makuroka.pdf （2008年12月現在）

8) 栗本鐵工所，http://www.kurimoto.co.jp/jo8/suikan2.htm （2008年12月現在）

3章
1) 合田　健，津野　洋，中西　弘，藤原正弘著：衛生工学，彰国社（1982）
2) 水道施設設計指針・解説　1984年版，日本水道協会（1984）
3) 合田　健ほか編：衛生工学ハンドブック，朝倉書店（1967）
4) 海老江邦雄，芦立徳厚：衛生工学演習，森北出版（1992）
5) 脇山清一，阿部正平：衛生工学，コロナ社（1977）
6) 佐藤敦久：衛生工学，朝倉書店（1983）
7) 井出哲夫編著：水処理工学，技報堂出版（1992）
8) 下水道アイデア研究会編：新・下水道アイデア最前線100-最新アイデア・工夫事例集，山海堂（1994）
9) 土木学会誌　特集　社会基盤の維持管理と再生を考える（2000年2月号）
10) 国土交通省：下水道ビジョン2001，http://www.mlit.go.jp/kisha/kisha 05/04/040902_2_.html　（2008年12月現在）
11) 近藤繁生：ユスリカの世界，培風館（2001）
12) 下水道施設設計指針と解説　1984年版，日本下水道協会（1984）

4章
1) 松本順一郎編：水環境工学，朝倉書店（1994）
2) 合田　健編：水質工学，—基礎編—，—応用編—，—演習編—，丸善（1976）
3) 松尾，大垣，浅野，宗宮，丹保，村上　監訳：水質環境工学，技報堂出版（1993）
4) 宗宮　功編：自然の浄化機構，技報堂出版（1991）
5) 津田松苗：汚水生物学，北隆館（1973）
6) 岩田進午・喜田大三監修：土の環境圏，フジテクノシステム（1997）

5章
1) 渡辺征夫ほか：環境科学，実教出版（2006）
2) 田中俊六ほか：最新建築環境工学，井上書院（2006）
3) 宇田川光弘ほか：最新建築設備工学，井上書院（2002）
4) 紀谷文樹編：建築環境設備学，彰国社（2003）
5) 倉渕　隆：建築環境工学，市ケ谷出版社（2006）
6) 板本守正：環境工学，朝倉書店（2002）
7) 村松　學編：室内の環境を測る—ビル・住まい・学校環境—，オーム社（2005）

8) 鉾井修一ほか：エース建築環境工学，朝倉書店（2001）
9) http://www.hi-net.zaq.ne.jp/t-nishi/11nen/nagano/matu.htm
10) 久保 光：福井県緑化マニュアル（街路樹編）概要版 研究所年報，地域技術第18号（2005）
11) 公害防止の技術と法規編集委員会：公害防止の技術と法規，人産業環境管理協会（2003）

6章

1) 瀬林 伝：特別寄稿 復興の槌音，騒音制御，**20**，1，p.46（1996）
2) 環境省：騒音規制法の概要（昭和43年法律第98号）
   http://www.env.go.jp/air/noise/low-gaiyo.html （2008年9月現在）
3) 環境省：平成17年度自動車交通騒音の状況について，http://www.env.go.jp/air/car/noise/noise_h17/index.html （2008年12月現在）
4) 環境省：平成18年度自動車交通騒音の状況について，http://www.env.go.jp/air/car/noise/noise_h18/index.html （2008年12月現在）
5) 国立環境研究所環境情報センター：全国自動車騒音マップ，http://www-gis.nies.go.jp/noise/car/car.asp （2008年12月現在）
6) 環境省：道路騒音対策，http://www.env.go.jp/air/car/noise/noise-h12/noise_h12_4.html （2008年12月現在）
7) 騒音に係る環境基準の評価マニュアルⅠ．基本評価編（1999）
8) 騒音に係る環境基準の評価マニュアルⅡ．地域評価編（道路に面する地域）（2000）
9) 騒音に係る環境基準の評価マニュアルⅢ．地域評価編（一般地域）（1999）
10) 日本騒音制御工学会編：地域の音環境計画，技報堂出版（1997）
11) 久野和宏編：騒音と日常生活，技報堂出版（2003）
12) 日本騒音制御工学会編：騒音制御工学ハンドブック 基礎編・応用編，技報堂出版（2001）
13) 福岡義隆：気圏環境工学，山海堂（2005）
14) 中野有明：実践騒音対策，日刊工業社（2000）
15) 日本計量振興協会：改訂 騒音と振動の計測，コロナ社（2003）
16) 杉浦邦男，高橋大弐：エース建築環境工学Ⅰ，朝倉書店（2001）
17) 中野有明：環境振動，技術書院（1996）
18) 紀谷文樹編：建築環境設備学，彰国社（2003）
19) 久野和宏・野呂雄一編著：道路交通騒音予測，技報堂出版（2004）

演習問題解答

2章

【1】 市町村のホームページで上水道を調べるとよい。また，市町村の職員から聞き取りをしたり，パンフレット等の資料で調べたりすること。

【2】（1） $y=\dfrac{K}{1+e^{a-bx}}$ より $e^{a-bx}=\dfrac{K-y}{y}$

両辺常用対数をとると

$a\log_{10}e - bx\log_{10}e = \log_{10}(K-y) - \log_{10}y$

$\log_{10}y - \log_{10}(K-y) = bx\log_{10}e - a\log_{10}e$

よって，$Y=\log_{10}y-\log_{10}(K-y)$，$X=x\log_{10}e$，$A=b$，$B=-a\log_{10}e$ となる。

（2） $y=y_0+Ax^a$ より $y-y_0=Ax^a$

両辺常用対数をとると

$\log_{10}(y-y_0)=\log_{10}A+a\log_{10}x$

よって，$Y=\log_{10}(y-y_0)$，$X=\log_{10}x$，$C=a$，$D=\log_{10}A$ となる。

【3】 例題 **2.1** 参照

【4】 例題 **2.2** 参照

【5】 文献3），他の参考書を参照しなさい。

【6】 例題 **2.3** 参照

3章

【1】 例題 **3.1** 参照

【2】 例題 **3.2** 参照

【3】 $SS=(0.023\,g/100\,ml)\times1\,000\,mg/g\times1\,000\,ml/l=230\,mg/l$

$VSS=((0.023-0.012)/100)\times1\,000\times1\,000=110\,mg/l$

浮遊無機物は

$SS-VSS=230-110=120\,mg/l$

となる。

【4】 pH 7.5 の水素イオン濃度 $[H^+]=10^{-7.5}=3.162\,3\times10^{-8}$

pH 2.0 の水素イオン濃度 [H$^+$]=$10^{-2.0}$=0.01

$(3.162\,3\times 10^{-8}\times 50+0.01\times 2)/(50+2)=3.846\,5\times 10^{-4}$

pH=$-\text{Log}_{10}(3.846\,5\times 10^{-4})=3.4$

【5】 例題 **3.4** 参照

【6】 例題 **3.6** 参照

【7】,【8】 省略(各自自分で調べなさい)

4 章

【1】 省略

【2】 一次元移流拡散反応方程式

$$\frac{\partial C}{\partial t}+u\frac{\partial C}{\partial x}=D\frac{\partial^2 C}{\partial x^2}-KC \qquad (解\,4.1)$$

$C=\theta e^{-Kt}$ によって変数変換すると上式は

$$\frac{\partial \theta}{\partial t}+u\frac{\partial \theta}{\partial x}=D\frac{\partial^2 \theta}{\partial x^2} \qquad (解\,4.2)$$

となる。次に,$\xi=x-ut$,$t'=t$ で変換すれば次のようになる

$$\frac{\partial \theta}{\partial t}=\frac{\partial \theta}{\partial t'}\frac{\partial t'}{\partial t}+\frac{\partial \theta}{\partial \xi}\frac{\partial \xi}{\partial t}=\frac{\partial \theta}{\partial t'}-u\frac{\partial \theta}{\partial \xi}$$

$$\frac{\partial \theta}{\partial x}=\frac{\partial \theta}{\partial t'}\frac{\partial t'}{\partial x}+\frac{\partial \theta}{\partial \xi}\frac{\partial \xi}{\partial x}=\frac{\partial \theta}{\partial \xi}$$

$$\frac{\partial}{\partial x}\left(\frac{\partial \theta}{\partial x}\right)=\frac{\partial}{\partial x}\left(\frac{\partial \theta}{\partial \xi}\right)=\frac{\partial}{\partial t'}\left(\frac{\partial \theta}{\partial \xi}\right)\frac{\partial t'}{\partial x}+\frac{\partial}{\partial \xi}\left(\frac{\partial \theta}{\partial \xi}\right)\frac{\partial \xi}{\partial x}=\frac{\partial^2 \theta}{\partial \xi^2}$$

$$\therefore \frac{\partial \theta}{\partial t'}=D\frac{\partial^2 \theta}{\partial \xi^2} \qquad (解\,4.3)$$

式(解 4.3)のような物質の拡散問題では,正規分布型の対称的な広がりが特徴的で,一般解は次式で与えられる。

$$\theta=A\frac{1}{t^{\frac{1}{2}}}\exp(-\xi^2/4Dt) \qquad (解\,4.4)$$

ここで,$t'=t$ とおいて,A は定数である(θ が式(解 4.4)を満たすことを確かめよ)。一定量の指標物質 M が距離 ξ と時間 t とともにいかに拡散していくかは,次のように式(解 4.5)の定数を決めるだけでよい。

$$\int_{-\infty}^{\infty}\theta d\xi=M \qquad (解\,4.5)$$

なる条件より

$$\int_{-\infty}^{\infty}A\frac{1}{t^{\frac{1}{2}}}\exp(-\xi^2/4Dt)\,d\xi=M$$

上式において $\eta=\xi/\sqrt{4Dt}$ とおくと $2\sqrt{Dt}d\eta=d\xi$ より

演 習 問 題 解 答　　*213*

$$2A\sqrt{D}\int_{-\infty}^{\infty}\exp(-\eta^2)\,d\eta = M$$

となる。ところで誤差関数 $erf(z)$ は次のように与えられる。

$$erf(z) = 2/\sqrt{\pi}\int_0^z \exp(-z^2)\,dz, \quad erf(0) = 0, \quad erf(\infty) = 1$$

したがって，次のように A を決めることができる。

$$2A\sqrt{D}\int_{-\infty}^{\infty}\exp(-\eta^2) = 4A\sqrt{D}\int_0^{\infty}\exp(-\eta^2)\,d\eta = 4A\sqrt{D}\left(\frac{\sqrt{\pi}}{2}erf(\infty)\right)$$

$$= 2A\sqrt{\pi D} = M$$

$A = \dfrac{M}{2\sqrt{\pi D}}$ より

$$\theta = \frac{M}{\sqrt{4\pi Dt}}\exp(-\xi^2/4Dt)$$

$\xi = x - ut,\ C = \theta \exp(-Kt)$ であるから

$$C = \frac{M}{\sqrt{4\pi Dt}}\exp(-Kt - (x-ut)^2/4Dt) \tag{解 4.6}$$

【3】 $u = 40\ \text{cm/s},\ x = L = 10\,000\ \text{cm},\ M = 50\ \text{ppm} \times 100\ \text{cm} = 5\,000$。ペクレ数 $Pe = UL/D = 40 \times 10\,000/D = 100$ より $D = 4\,000\ \text{cm}^2/\text{s}$ となる。式 (解 4.6) より

$$C_1 = \frac{5\,000}{\sqrt{4\times 3.14 \times 4\,000}}\cdot\frac{1}{\sqrt{t}}e^{-(10\,000-40t)^2/4\,000\times t}$$

$$= 22.3\frac{1}{\sqrt{t}}e^{-(1\,000-4t)^2/160t}:(K=0\ \text{の場合})$$

$$C_2 = C_1 e^{-1.16\times 10^{-5}t}:(K = 1.0\ \text{day}^{-1} = 1.16\times 10^{-5}\text{s}^{-1}\ \text{の場合})$$

解表 *4.1*

t [s]	$A = t^{1/2}$	$B = -(1\,000 - 4t)^2/160t$	e^B	$G = -1.16 \times 10^{-5}\,t$	e^G	$C_1 = 23.3e^B/A$	$C_2 = C_1 e^G$
150	12.2	-6.67	0.001 2	$-0.001\,7$	0.998	0.0	0.0
180	13.4	-2.27	0.066	$-0.002\,1$	0.998	0.11	0.11
200	14.1	-1.25	0.287	$-0.002\,3$	0.998	0.45	0.45
230	15.2	-0.17	0.844	$-0.002\,7$	0.997	1.24	1.24
250	15.8	0.0	1.000	$-0.002\,9$	0.997	1.41	1.41
280	16.7	-0.32	0.726	$-0.003\,2$	0.997	0.97	0.97
300	17.3	-0.83	0.436	$-0.003\,5$	0.997	0.56	0.56
330	18.2	-1.83	0.160	$-0.003\,8$	0.996	0.20	0.20
350	18.7	-2.85	0.058	$-0.004\,1$	0.996	0.07	0.07

100 m 下流では生物学的分解反応はほとんど影響しない。

【4】 Streeter-Phelps の式

$$\frac{dL}{dt} = -K_1 L \tag{解 4.7}$$

$$\frac{dD}{dt} = K_1 L - K_2 D \tag{解 4.8}$$

式（解 4.7）を積分すると

$$\int \frac{1}{L} dL = -\int K_1 dt + C$$

$$\log L = -K_1 t + C$$

$$L = C_1 e^{-K_1 t} \tag{解 4.9}$$

$t=0$ で $L=L_0$ とすると $L=L_0 e^{-K_1 t}$ となる。式（解 4.8）に式（解 4.9）を代入すると

$$\frac{dD}{dt} + K_2 D = K_1 L_0 e^{-K_1 t} \tag{解 4.10}$$

式（解 4.10）の斉次式を解く。

$$\frac{dD}{dt} + K_2 D = 0 \tag{解 4.11}$$

$$D = A e^{-K_2 t} \tag{解 4.12}$$

定数変化法により

$$\frac{dD}{dt} = \frac{dA}{dt} e^{-K_2 t} - A K_2 e^{-K_2 t} = \frac{dA}{dt} e^{-K_2 t} - K_2 D \tag{解 4.13}$$

式（解 4.13）を式（解 4.10）に代入すると

$$\frac{dA}{dt} e^{-K_2 t} = K_1 L_0 e^{-K_1 t}$$

$$\frac{dA}{dt} = K_1 L_0 e^{(-K_1 + K_2) t}$$

$$A = \frac{K_1 L_0}{K_2 - K_1} e^{(K_2 - K_1) t} + C \tag{解 4.14}$$

式（解 4.14）を式（解 4.12）に代入すると

$$D = \frac{K_1 L_0}{K_2 - K_1} e^{-K_1 t} + C e^{-K_2 t}$$

$t=0$ で $D=D_0$ とおくと

$$C = D_0 - \frac{K_1 L_0}{K_2 - K_1}$$

$$\therefore D = \frac{K_1 L_0}{K_2 - K_1} (e^{-K_1 t} - e^{-K_2 t}) + D_0 e^{-K_2 t} \tag{解 4.15}$$

次に D_c, t_c を求める。式（解 4.8）より，$\frac{dD}{dt} = 0$ とおくと $K_1 L_c - K_2 D_c = 0$

演 習 問 題 解 答   215

となり，$D_c = \dfrac{K_1}{K_2} L_c$ ここで，$L_c = L_0 e^{-K_1 t_c}$ より $D_c = \dfrac{K_1}{K_2} L_0 e^{-K_1 t_c}$ となる。

式（解4.15）を t で微分すると

$$\dfrac{dD}{dt} = \dfrac{K_1 L_0}{K_2 - K_1} \{-K_1 e^{-K_1 t} + K_2 e^{-K_2 t}\} - D_0 K_2 e^{-K_2 t}$$

$\dfrac{dD}{dt} = 0$ とおくと

$$-\dfrac{K_1{}^2 L_0}{K_2 - K_1} e^{-K_1 t_c} = \left(D_0 K_2 - \dfrac{K_1 K_2}{K_2 - K_1}\right) L_0 e^{-K_2 t_c}$$

$$\therefore t_c = \dfrac{1}{K_2 - K_1} \ln \dfrac{K_2}{K_1} \left[1 - \dfrac{D_0(K_2 - K_1)}{K_1 L_0}\right]$$

ただし，L_0 は BOD_L で，生物によって全有機物量を酸化するのに必要な酸素量である。

【5】 式（4.8） $D_m = 2.037 \times 10^{-9}(1.037)^{T-20}$ より

$D_m = 2.037 \times 10^{-9}(1.037)^{15-20} = 1.699 \times 10^{-9} \, \mathrm{m^2/s}$

$K_2 = 8.61 \times 10^4 \dfrac{(D_m U)^{1/2}}{H^{3/2}}$

$= 8.61 \times 10^4 \dfrac{(1.699 \times 10^{-9} \times 0.08)^{1/2}}{2^{3/2}} = 0.355$ 〔1/日〕

【6】 放流点直下の排水との混合後の水温，溶存酸素濃度，BOD

混合後の水温 $= 18°C$

混合後の溶存酸素濃度（18°Cの飽和溶存酸素濃度 $9.18 \, \mathrm{mg}/l$

$= 9.18 \times 0.7 = 6.43 \, \mathrm{mg}/l$

混合後の BOD_5

$= (70\,000 \,〔\mathrm{m^3/日}〕/86\,400 \,〔\mathrm{s/日}〕 \times 150 \,〔\mathrm{mg}/l〕 + 8\,〔\mathrm{m^3/s}〕 \times 1.5 \,〔\mathrm{mg}/l〕) /$
$(70\,000/86\,400 + 8) = 15.6 \, \mathrm{mg}/l$

混合後の BOD_L

$L_0 = BOD_L = BOD_5/(1 - e^{-K_1 t}) = 15.6/(1 - e^{-0.3(5)}) = 19.51 \, \mathrm{mg}/l$

（$\because BOD_5 = BOD_L(1 - e^{-K_1 5})$）

速度定数の 18°C への補正

$K_1 = 0.3(1.135)^{18-20} = 0.233/日$

$K_2 = 0.7(1.024)^{18-20} = 0.668/日$

溶存酸素垂下曲線は

$D_0 = 9.18 - 6.43 = 2.75$

$D_0 = \dfrac{0.233 \times 19.51}{0.668 - 0.233}(e^{-0.233 t} - e^{-0.668 t}) + 2.75 e^{-0.668 t}$

$= 10.45 e^{-0.233 t} - 7.7 e^{-0.668 t}$

ただし，流下距離 x は $x=vt=0.2 [\text{m/s}]\ t(日)=0.2\times 10^{-3}\times 60\times 60\times 24\times t$ km
$=17.28t$ km

$$t_c=\frac{1}{0.668-0.233}\ln\frac{0.668}{0.233}\left[1-\frac{2.75(0.668-0.233)}{0.233\times 19.51}\right]=1.78\ 日$$

$x_c=17.28\times 1.78=30.76$ km

$$D_c=\frac{0.233}{0.668}19.51e^{-0.233\times 1.78}=4.49\ \text{mg}/l$$

$DO_c=9.18-4.49=4.69\ \text{mg}/l$

【7】放流点直後の溶存酸素濃度

18℃飽和溶存酸素濃度＝9.18 mg/l

放流点上流の河川水の溶存酸素濃度＝$9.18\times 0.92=8.45$ mg/l

放流点直後の河川水の溶存酸素濃度
　　　　＝$[40\,000/86\,400\times 2+5\times 8.45]/[40\,000/86\,400+5]=7.90$ mg/l

DO 不足量 $DO=9.18-7.90=1.28$ mg/l

脱酸素係数の 18℃への補正
　　　　$K_1=0.35(1.135)^{18-20}=0.272/日$

18℃の K_2 は 0.60/日，D_c の許容値 $9.18-5=4.18$ mg/l となるので

$$L_0=\frac{0.60}{0.272}4.118e^{0.272t_c}=9.22e^{0.272t_c}$$

$$t_c=\frac{1}{0.60-0.272}\ln\frac{0.60}{0.272}\left[1-\frac{1.28(0.60-0.272)}{0.272\,L_0}\right]$$

$$=3.05\ln\left(2.206-\frac{3.405}{L_0}\right)$$

上式の L_0 と t_c より，t_c 式内の L_0 を仮定し，繰返し計算を行う。

まず $L_0=10.0$ mg/l を仮定　　$t_c=1.902$　　$L_0=15.5$
　$L_0=15.5$ を代入　　　　　　$t_c=2.093$　　$L_0=16.3$
　$L_0=17.0$ を代入　　　　　　$t_c=2.123$　　$L_0=16.4$
　$L_0=16.4$ を代入　　　　　　$t_c=2.112$　　$L_0=16.37$

よって，$L_0=16.4$ mg/l（BOD_L）が放流直後の許容 BOD_L である。BOD_5 に換算して
　　　　$BOD_5=16.4(1-e^{-0.35\times 5})=13.6$ mg/l

放流排水許容 BOD_5 は
　　　　$13.6=(40\,000/86\,400\times E_{BOD}+5.0\times 0)/(40\,000/86\,400+5)$
　　　　$E_{BOD}=13.6\times 86\,400/40\,000\times(40\,000/86\,400+5)$
　　　　　　$=160$ mg/l

【8】湖水の容量　$V=0.3\times 1\,000\times 1\,000\times 3.5=1\,050\,000$ m^3

処理水による流入負荷
$$Q_p = 0.04 \text{ m}^3/\text{s} \times 86\,400 \text{ s}/日 = 3\,456 \text{ m}^3/日$$
$$Q_p C_p = 3\,456 \text{ m}^3/日 \times 25 \text{ mg}/l / 1\,000 \text{ } l/\text{m}^3 = 86.4 \text{ mg}/日$$

ノンポイント負荷
$$Q_{ns} = 30 \times 1\,000 \times 1\,000 \times 400 / 1\,000 / 365 = 32\,877 \text{ m}^3/日$$
$$Q_{ns} C_n = 32\,877 \times 1.5 / 1\,000 = 49.3 \text{ mg}/l$$

反応定数の換算
$$K_{25} = 0.35(1.135)^{25-20} = 0.659/日$$

定常時における湖水の濃度 $C = I/(\alpha V)$ より
$$I_s = 86.4 + 49.3 = 135.7 \text{ mg}/日$$
$$\alpha = 0.659 + (3\,456 + 32\,877) / 1\,050\,000 = 0.693\,6$$

ゆえに
$$C_s = 135.7 / (0.693\,6 \times 1\,050\,000 / 1\,000) = 0.19 \text{ mg}/l$$

5章

すべて省略

6章

【1】（1） a 台の機械の音響パワーレベルを $L_{W(a)}$ 〔dB〕とすると，機械を b 台に減らしたときの音響パワーレベル $L_{W(b)}$ 〔dB〕は $L_{W(b)} = L_{W(a)} - 10 \log_{10} n$ 〔dB〕

（2） 機械を 10 台から 4 台に減らしたときの音響パワーレベル $L_{W(4)}$ 〔dB〕は， $L_{W(b)} = L_{W(10)} - 10 \log_{10}(10/4) = 80 - 10 \log_{10} 2.5 = 76$ 〔dB〕

【2】解表 6.1 に A 特性補正値および音圧レベルを計算した。また，式 (6.12) より，騒音レベルは以下のように求められる。

解表 6.1

中心周波数〔Hz〕	63	125	250	500	1 000	2 000	4 000
オクターブバンド音圧レベル〔dB〕	96	81	89	73	80	65	55
A 特性補正値〔dB〕	−26.2	−16.1	−8.6	−3.2	0	+1.2	+1.0
A 特性バンド音圧レベル〔dB〕	69.8	64.9	80.4	69.8	80	66.2	56

$$L_A = 10 \log_{10}\left(10^{\frac{69.8}{10}} + 10^{\frac{64.9}{10}} + 10^{\frac{80.4}{10}} + 10^{\frac{69.8}{10}} + 10^{\frac{80.0}{10}} + 10^{\frac{66.2}{10}} + 10^{\frac{56}{10}}\right)$$
$$= 83.7 \text{ [dB]}$$

【3】 $L_A = 10 \log_{10}\left(10^{\frac{60}{10}} + 10^{\frac{63}{10}} + 10^{\frac{65}{10}} + 10^{\frac{70}{10}}\right) = 72.1$ 〔dB〕

また,**解表 6.2** を用いて騒音レベルの和を概算することができる。すなわち,$70-60(+10) \to 70$,$70-63(+7) \to 71$,$71-65(+6) \to 72$〔dB〕

解表 6.2

2つの音の騒音レベルの差〔dB〕	0	1〜3	4〜9	10以上
大きいほうの騒音レベルに加える値の目安〔dB〕	+3	+2	+1	0

【4】 $L_{Aeq,T} = 10 \log_{10}\left[\dfrac{1}{480}\sum_i 10^{\frac{L_i}{10}} t\right] = 10 \log_{10}\left[\dfrac{1}{480}(10^{7.5} \times 480 + 10^{8.5} \times 6 \times 8)\right]$
$= 10 \log_{10}(2 \times 10^{7.8}) = 78.0$ 〔dB〕

【5】 機械から r〔m〕離れた点における音圧レベル L_p〔dB〕が既知の場合,式 (6.20) を音響パワーレベル L_W について解いた次式により求める。
$$L_W = L_p + 20 \log_{10} r + 8 = 46 + 20 \log_{10} 20 + 8 = 80 \text{ 〔dB〕}$$
さらに,周波数 125 Hz の(A 特性補正パワーレベル)補正値は $-16\,\text{dB}$ であるから,次式のようになる。
$$L_{WA} = 80 + (-16) = 64 \text{ 〔dB〕}$$

【6】 環境基本法第 16 条第 1 項の規定に基づく,騒音に係る環境上の条件について生活環境を保全し,人の健康の保護に資するうえで維持されることが望ましい基準(以下「環境基準」という。)のことである。環境基準は,地域の類型及び時間の区分ごとに**表 6.5〜表 6.8** に掲げるとおりとし,各類型を当てはめる地域は,都道府県知事が指定する。

【7】 **6.1** 節および **6.5** 節参照。環境省の Web ページを参照しなさい。例えば,"平成 18 年度自動車交通騒音の状況について", http://www.env.go.jp/air/car/noise/noise-h 18/index.html

【8】 (1) **解表 6.3** に示す。

解表 6.3

現況予測値 非定常走行時 20 km/h〔dB〕	実測値〔dB〕	誤差〔dB〕	現況予測値 定常走行時 60 km/h〔B〕	将来予測値〔dB〕
51.5	50	−1.5	51.5	53.4
54.7	56	1.3	54.7	56.2
45.9	52	6.1	45.8	55.9
51.1	50	−1.1	51.0	56.0
53.1	51	−2.1	53.1	55.6
51.1	54	2.9	51.1	51.1
52.9	53	0.1	52.8	56.3
51.1	51	−0.1	51.1	55.6
50.1	54	3.9	50.1	56.2
48.1	47	−1.1	48.1	48.1
50.7	58	7.3	50.6	53.7
47.1	47	−0.1	47.1	47.1
誤差の平均値		1.3〔dB〕		

(2) 超過する時間帯はない。本予測式による計算結果から，20〔km/h〕の非定常走行と 60〔km/h〕の定常走行にはほとんど差異はない。

(3) 解答省略

索　　引

【あ】

亜　鉛　　　　　　　　　25
アオコ　　　　　　　　122
赤　潮　　　　　　　　122
浅井戸　　　　　　　　　26
亜硝酸性窒素　　　75,119
アルカリ剤　　　　　　35
安全率　　　　　　　　16
アンモニア性窒素　75,119

【い】

維持管理　　　　　49,94
異臭味問題　　　　　　27
一般大気測定局　　　169
移　流　　　　　　　103
色　　　　　　　　　123

【う】

雨　水　　　　　　　　53
雨水調整池　　　　65,67
雨水吐室　　　　　65,66
雨水量　　　　　　58,68
渦巻ポンプ　　　　　　73
埋立て処分　　　　　　87

【え】

エアレーションタンク　80
衛生学的指標　　　　122
栄養塩類指標　　　　122
液　相　　　　　　　116
エコトーン　　　107,110
塩化第1鉄　　　　　　35
沿岸域　　　　　107,110
園芸骨材　　　　　　　87

塩素消毒　　　　31,32,39

【お】

沖　合　　　　　　　108
オキシデーションディッチ
　　　　　　　　　　　83
汚濁指数　　　　　　118
汚濁指標　　　　　　118
汚濁物質　　　　　　103
汚濁モデル　　　　　104
汚泥滞留時間　　　　　77
汚泥の乾燥・焼却　　　89
汚泥の脱水　　　　　　88
汚泥密度指標　　　　　77
汚泥容量指標　　　　　77
音の強さ　　　　　　176
　　──のレベル　　177
オーバーオール音圧レベル
　　　　　　　　　　179
音　圧　　　　　　　176
　　──実効値　　　176
音圧レベル　　　　　177
音響インピーダンス　176
音響パワーレベル　　178
音　源　　　　　　　172
音　場　　　　　　　172
音　波　　　　　　　172

【か】

外圧式MF膜ろ過装置　44
海　域　　　　　　　110
　　──の生態系　　111
外　圏　　　　　　　136
開水路　　　　　　　　50
回転円板法　　　　　　86

界面活性剤　　　　　　25
拡　散　　　　　　　103
拡散係数　　　　　　104
河口堰　　　　　　　　28
カスケード利用　　　135
カセイソーダ　　　　　35
可聴音　　　　　　　173
活性汚泥の管理指標　　77
活性汚泥法　　　　75,81
　　──のフロー　　　75
カーボンニュートラル　133
感覚的指標　　　　　123
環境基準　　　　　　124
環境効率　　　　　　151
環境ホルモン　　120,121
環境容量　　　　　　124
管渠の設計例　　　　　68
管渠の接合方法　　　　64
管渠の敷設　　　　　　64
ガンギレー・クッター公式
　　　　　　　　　　　29
管水路　　　　　　　　50
乾性沈着　　　　　　145
完全混合反応槽モデル　109
緩速ろ過方式　　31,32,33
管頂接合　　　　　　　64
管底高　　　　　　　　70
管内仮定流速　　　　　68
管の腐食　　　　　　　50
管路施設　　　　　　　62

【き】

気　圏　　　　　　　136
気　相　　　　　　　116
基礎調査　　　　　　　54

索　引

揮発性有機化合物　144
給　水　21, 48
給水装置　48
給水普及率　23
急速混和　34
急速ろ過　38
急速ろ過方式　31, 32, 34
凝　集　35
凝集池　34
強腐水性水域　120

【く】

クリプトスポリジウム　42, 123
クロロフィルa量　122
クロロホルム　26, 41

【け】

計画汚水量　58
計画給水量　22
計画下水量　57
計画浄水量　33
計画配水量　45
継続時間　59
下水汚泥　87
下水管渠　62
　——の水理　63
下水試験　73
下水処理施設　75
下水道計画　54
下水道施設　94
下水道の目的と役割　53
下水に含まれる物質　73
下水の排除システム　55
下水量の算定　57
限外ろ過膜　31, 43
嫌気—好気活性汚泥法　90
嫌気性消化　88
健康に関する項目　24
建設骨材　87
原単位　22
原虫類　42

【こ】

降雨強度　59
降雨強度公式　59, 68
光化学オキシダント　144
高架タンク　47
鋼　管　46
公共下水道　54
黄　砂　147
硬質塩化ビニル管　46
高純度酸素曝気法　84
工場排水量　58
高速エアレーション沈殿池　84
高度処理　90
合理式　58
合流式　68
合流式下水道　55
湖　沼　107
　——の水質汚濁モデル　107
　——の流動モデル　108
固　相　116
混合液揮発性浮遊物濃度　77
混合液浮遊物濃度　77
コンタクトスタビリゼーション法　82

【さ】

最小毒性量　16, 17
最初沈殿池の設計　79
再曝気　105
　——のモデル　105
再曝気係数　105
サーマルリサイクル　135
散水ろ床法　85
酸性雨　145

【し】

紫外部吸光度　119
時間最大汚水量　68
色　度　123
軸流ポンプ　73
自己腐食　50
自浄作用　104
自然保護下水道　54
自然流下式　45
実質安全量　17
湿性沈着　145
自動車排出ガス測定局　169
斜流ポンプ　73
臭気と味　123
重金属汚濁指標　120
周波数　173
終末処理場　53, 56
取　水　21, 27
純　音　173
馴　致　79
浄化機構　76, 85, 86
焼却処分　87
硝酸性窒素　25, 75, 119
浄　水　21, 31
浄水管理　50
浄水施設　31
浄水方式　31
消石灰　35
除害施設　65, 67
植物性プランクトン　122
食物連鎖　85
除砂設備　72
処理場内ポンプ場　71
処理場の維持管理　96
シールド工法　65
人口密度　68
深槽曝気法　84
浸入地下水　58

【す】

水系伝染病　53
水　源　26
　——の維持管理　49
水質汚濁の指標　118
水質汚濁防止　53
水質汚濁モデル　104
水質管理目標項目　24

水質保全		92
水道水		24
──の水質		24
水道専用貯水池		27
水道法		20
水門		26
スクリーン		72
ステップエアレーション法		82
スペクトル		173

【せ】

晴天時下水量	57
生物汚濁指標	118
生物化学的酸素要求量	106
生物学的水質階級	120
生物吸着	76
生物相	85
生物フロックの形成	76
生物膜	85, 86
精密ろ過膜	43
堰	26, 27
全窒素	75, 119
全リン	75

【そ】

騒音規制法	189
騒音スペクトル	178
送水	21, 28
送水管	30
送水渠	29
送水施設	28
総量規制	169
藻類	42
ソーダ灰	35
粗度係数	63

【た】

帯域雑音	173
大気圏	136
大腸菌群	75
耐容1日摂取量	17
対流	103

対流圏	136
ダクタイル鋳鉄管	46
濁度	123
脱酸素係数	106
多目的貯水池	27
ダルシー・ワイズバッハ公式	30
タルボット型	59

【ち】

地下水	28
地下水汚染	112, 115
地先下水	65, 67
中栄養湖	122
中空糸	43
中継ポンプ場	71
鋳鉄管	46
中毒物質	123
超音波	173
超高度処理	93
長時間エアレーション法	82
超低周波音	173
貯水	21, 27
沈砂池	72
沈殿処理	75

【つ】

土覆り	70

【て】

ディーゼル排気微粒子	145
低騒音舗装	199
低炭素社会	134
鉄	25
テトラクロロエチレン	26, 28, 115
テーパードエアレーション	81
電解腐食	51
電流腐食	51

【と】

等価騒音レベル	197

透過損失	187
透視度	123
導水	21, 28
導水管	30
導水渠	29
透明度	123
特殊浄水処理	41
特殊処理	31, 32
特定環境保全公共下水道	54
特定公共下水道	54
都市下水路	54
土壌汚染	112, 117
──の浄化	118
土中の微生物の働き	116
トリクロロエチレン	26, 28, 115
取付管	65, 67
トリハロメタン	41

【な】

内圧式UF膜ろ過装置	44

【に】

ニュートン式	36

【ね】

年平均降雨量	26

【の】

農村下水道	54

【は】

排煙脱硫	165
バイオガスエネルギー	87
バイオマス	87
バイオマスエネルギー	87
バイオレメディエーション	118
ばいじん	145
配水	21, 45
配水管	46
排水基準	124
配水施設	45

索　　　　　引　　　223

排水設備　　　　　　　65, 67
配水池　　　　　　　　47, 50
配水塔　　　　　　　　　47
排水ポンプ場　　　　　　71
吐　口　　　　　　　　65, 67
白色雑音　　　　　　　　173
ハザード　　　　　　　　15
曝気槽　　　　　　73, 75, 80
バルキング現象　　　　　78
バンド音圧レベル　　　　179

【ひ】

樋　管　　　　　　　　　26
微生物群集　　　　　　　103
ヒ　素　　　　　　　　　25
1人1日給水量　　　　　23
1人1日最大汚水量　　68, 69
樋　門　　　　　　　　　26
病原微生物　　　　　　　122
標準活性汚泥法　　　　　81
微量毒性物質汚濁指標　　120
貧栄養湖　　　　　　　　122
貧腐水性水域　　　　　　120

【ふ】

富栄養化　　　　　111, 122
富栄養化防止　　　　　　91
富栄養湖　　　　　　　　122
深井戸　　　　　　　　　26
不確実係数積　　　　　　16
複合音　　　　　　　　　173
伏流水　　　　　　　　　28
伏越し　　　　　　　　　65
付属設備　　　　　　　　65
物質移動　　　　　　　　112
フッ素　　　　　　　　　25
不飽和土中水の運動　　　113
フミン酸　　　　　　　　41
フミン質　　　　　　　　41
浮遊物質　　　　　　　　73
浮遊粒子状物質　　　　　145
プランクトン　　　　　　42
フルボ酸　　　　　　　　41

フレネル数　　　　　　　188
不連続点塩素消毒法　　　40
フロック形成　　　　　　36
分　散　　　　　　　　　103
分子拡散　　　　　　　　103
粉じん　　　　　　　　　145
分流式下水道　　　　　　55

【へ】

ヘーゼン・ウィリアムス
　公式　　　　　　　　　30
ペルオキシアシルナイト
　レート類　　　　　　　144

【ほ】

膨化現象　　　　　　　　78
飽和状態　　　　　　　　112
ポリ塩化アルミニウム　　35
ポンプ　　　　　　　　　72
　　──の種類　　　　　73
ポンプ加圧式　　　　　　45
ポンプ場施設　　　　　　71
ポンプます　　　　　　　72

【ま】

膜の種類　　　　　　　　42
膜ろ過処理　　　　　　　42
ま　す　　　　　　　　65, 67
マニング公式
　　　　　　　29, 63, 67, 69
マンガン　　　　　　　　25
慢性閉塞性肺疾患　　　　143
マンホール　　　　　　65, 66

【み】

水環境　　　　　　　　　103

【む】

無影響量　　　　　　　　15
無機物質　　　　　　　　73
無機性リン　　　　　　　75
無毒性量　　　　　　　　16

【め】

メタン生成期　　　　　　88
面積法　　　　　　　　　47

【も】

モディファイドエアレー
　ション法　　　　　　　83

【や】

薬品沈殿　　　　　　　　36

【ゆ】

有機酸生成期　　　　　　88
有機性窒素　　　　　75, 119
有機物質　　　　　　　　73
有機性リン　　　　　　　75
有機物汚濁　　　　　　　111
有機物汚濁指標　　　　　118
有機物の吸着　　　　　　76
有機物の同化　　　　　　76
有機物の酸化　　　　　　76

【よ】

溶解物質　　　　　　　　73
溶質移動　　　　　　　　114
要請限度　　　　　　　　194
溶融化　　　　　　　　　87

【ら】

ラウズの式　　　　　　　36
乱流拡散　　　　　　　　103

【り】

硫酸バンド　　　　　　　35
リスク　　　　　　　　　15
流域下水道　　　　　　41, 54
流下時間　　　　　　　　61
硫酸アルミニウム　　　　35
粒子状物質　　　　　　　145
流出係数　　　　　　　60, 68
流達時間　　　　　　　61, 68
流　動　　　　　　　　　111

224　索　　　　引

流入時間　　　　60, 68
緑農地還元　　　　87

【る】

累加曲線法　　　　47

【ろ】

ろ過抵抗　　　　39
ろ過の機構　　　　39
ロジスティック曲線　23

ろ層の洗浄　　　　39

【記号】

α 中腐水性水域　　120
β 中腐水性水域　　120

【A】

AGP　　　　122
A 特性重み付き音圧レベル
　　　　　　181

【B】

BOD　　　74, 106, 119
BOD-SS 負荷　　77
BOD-容積負荷　　77

【C】

COD$_{Cr}$　　　74, 119
COD$_{Mn}$　　　74, 119

【D】

Darcy-Weisbach 式　30
DO　　　　74, 119

【H】

Hazen-Williams 式　31

【L】

LOAEL　　　16, 17

【M】

MF 膜　　　　43
MLSS　　　　77
MLVSS　　　　77
MOE　　　　16

【N】

NOAEL　　　　16
NOEL　　　　15

【P】

PAC　　　　35
pH　　　　26, 74
PI　　　　118

【S】

SDI　　　　77
SRT　　　　77

SS　　　　74
Streeter—Phelps の式　106
SVI　　　　77

【T】

TDI　　　　17
THM 前駆物質　　41
TOC　　　　119
TS　　　　74
TSI　　　　122

【U】

UF 膜　　　　43

【V】

VSD　　　　17
VSS　　　　74
VTS　　　　74

【W】

WECPNL　196, 198, 203

―― 著者略歴 ――

奥村　充司（おくむら　みつし）
- 1983 年　京都大学工学部衛生工学科卒業
- 1985 年　京都大学大学院工学研究科修士課程修了（衛生工学専攻）
- 1985 年　福井工業高等専門学校助手
- 1988 年　福井工業高等専門学校講師
- 2001 年　福井工業高等専門学校助教授
- 2007 年　福井工業高等専門学校准教授
　　　　　現在に至る

大久保　孝樹（おおくぼ　たかき）
- 1980 年　東北大学工学部土木工学科卒業
- 1983 年　東北大学大学院工学研究科修士課程修了（土木工学専攻）
- 1984 年　函館工業高等専門学校助手
- 1996 年　函館工業高等専門学校助教授
- 1999 年　博士（工学）（東北大学）
- 2004 年　函館工業高等専門学校教授
- 2019 年　函館工業高等専門学校特任教授
　～21 年
- 2019 年　函館工業高等専門学校名誉教授

環境衛生工学
Environmental Sanitary Engineering

© Mitsushi Okumura, Takaki Okubo　2009

2009 年 2 月 20 日　初版第 1 刷発行
2023 年 1 月 10 日　初版第 6 刷発行

検印省略	著　者	奥　村　充　司
		大久保　孝　樹
	発行者	株式会社　コロナ社
		代表者　牛来真也
	印刷所	新日本印刷株式会社
	製本所	有限会社　愛千製本所

112-0011　東京都文京区千石 4-46-10
発行所　株式会社　コロナ社
CORONA PUBLISHING CO., LTD.
Tokyo Japan
振替 00140-8-14844・電話 (03) 3941-3131 (代)
ホームページ　https://www.coronasha.co.jp

ISBN 978-4-339-05517-7　C3351　Printed in Japan　　（新宅）

〈出版者著作権管理機構　委託出版物〉
本書の無断複製は著作権法上での例外を除き禁じられています。複製される場合は、そのつど事前に、出版者著作権管理機構（電話 03-5244-5088、FAX 03-5244-5089、e-mail: info@jcopy.or.jp）の許諾を得てください。

本書のコピー、スキャン、デジタル化等の無断複製・転載は著作権法上での例外を除き禁じられています。購入者以外の第三者による本書の電子データ化及び電子書籍化は、いかなる場合も認めていません。
落丁・乱丁はお取替えいたします。

土木・環境系コアテキストシリーズ

■編集委員長　日下部　治　　　　　　（各巻A5判，欠番は品切です）
■編集委員　小林　潔司・道奥　康治・山本　和夫・依田　照彦

配本順			頁	本体
共通・基礎科目分野				
A-1	（第9回）	土木・環境系の力学　　斉　木　　　功著	208	2600円
A-2	（第10回）	土木・環境系の数学　　堀　・市　村共著 —数学の基礎から計算・情報への応用—	188	2400円
A-3	（第13回）	土木・環境系の国際人英語　井合・Steedman共著	206	2600円
土木材料・構造工学分野				
B-1	（第3回）	構　　造　　力　　学　　野　村　卓　史著	240	3000円
B-2	（第19回）	土　木　材　料　学　　中　村・奥　松共著	192	2400円
B-3	（第7回）	コンクリート構造学　　宇　治　公　隆著	240	3000円
B-4	（第21回）	鋼　構　造　学（改訂版）舘　石　和　雄著	240	3000円
地盤工学分野				
C-2	（第6回）	地　　盤　　力　　学　　中　野　正　樹著	192	2400円
C-3	（第2回）	地　　盤　　工　　学　　髙　橋　章　浩著	222	2800円
C-4		環　境　地　盤　工　学　勝　見・乾　　共著		
水工・水理学分野				
D-1	（第11回）	水　　　　理　　　　学　　竹　原　幸　生著	204	2600円
D-2	（第5回）	水　　　　文　　　　学　　風　間　　　聡著	176	2200円
D-3	（第18回）	河　　川　　工　　学　　竹　林　洋　史著	200	2500円
D-4	（第14回）	沿　　岸　　域　　工　　学　川　崎　浩　司著	218	2800円
土木計画学・交通工学分野				
E-1	（第17回）	土　　木　　計　　画　　学　奥　村　　　誠著	204	2600円
E-2	（第20回）	都　市　・　地　域　計　画　学　谷　下　雅　義著	236	2700円
E-3	（第22回）	改訂交　通　計　画　学　金子・有村・石坂共著	236	3000円
E-5	（第16回）	空　間　情　報　学　　須　崎・畑　山共著	236	3000円
E-6	（第1回）	プロジェクトマネジメント　大　津　宏　康著	186	2400円
E-7	（第15回）	公共事業評価のための経済学　石　倉・横　松共著	238	2900円
環境システム分野				
F-1	（第23回）	水　環　境　工　学　　長　岡　　　裕著	232	3000円
F-2	（第8回）	大　気　環　境　工　学　　川　上　智　規著	188	2400円
F-3		環　境　生　態　学　　西村・山田・中野共著		

定価は本体価格＋税です。
定価は変更されることがありますのでご了承下さい。

図書目録進呈◆

土木系 大学講義シリーズ

(各巻A5判，欠番は品切または未発行です)

■編集委員長　伊藤　學
■編集委員　青木徹彦・今井五郎・内山久雄・西谷隆亘
　　　　　　榛沢芳雄・茂庭竹生・山崎　淳

配本順				頁	本体
2. (4回)	土木応用数学		北田俊行著	236	2700円
3. (27回)	測量学		内山久雄著	206	2700円
4. (21回)	地盤地質学		今井・福江 足立 共著	186	2500円
5. (3回)	構造力学		青木徹彦著	340	3300円
6. (6回)	水理学		鮏川　登著	256	2900円
7. (23回)	土質力学		日下部　治著	280	3300円
8. (19回)	土木材料学 (改訂版)		三浦　尚著	224	2800円
13. (7回)	海岸工学		服部昌太郎著	244	2500円
14. (25回)	改訂 上下水道工学		茂庭竹生著	240	2900円
15. (11回)	地盤工学		海野・垂水編著	250	2800円
17. (31回)	都市計画 (五訂版)		新谷・髙橋 岸井・大沢 共著	200	2600円
18. (24回)	新版 橋梁工学 (増補)		泉・近藤共著	324	3800円
20. (9回)	エネルギー施設工学		狩野・石井共著	164	1800円
21. (15回)	建設マネジメント		馬場敬三著	230	2800円
22. (29回)	応用振動学 (改訂版)		山田・米田共著	202	2700円

定価は本体価格+税です。
定価は変更されることがありますのでご了承下さい。

図書目録進呈◆

環境・都市システム系教科書シリーズ

（各巻A5判，欠番は品切です）

- ■編集委員長　澤　孝平
- ■幹　　　事　角田　忍
- ■編集委員　荻野　弘・奥村充司・川合　茂
  　　　　　　嵯峨　晃・西澤辰男

配本順		書名	著者	頁	本体
1.	(16回)	シビルエンジニアリングの第一歩	澤 孝平・嵯峨 晃・川合 茂・角田 忍・荻野 弘・奥村充司・西澤辰男 共著	176	2300円
2.	(1回)	コンクリート構造	角田　忍・竹村和夫 共著	186	2200円
3.	(2回)	土 質 工 学	赤木知之・吉村優治・上 俊二・小堀慈久・伊東 孝 共著	238	2800円
4.	(3回)	構 造 力 学 Ⅰ	嵯峨 晃・武田八郎・原 隆・勇 秀憲 共著	244	3000円
5.	(7回)	構 造 力 学 Ⅱ	嵯峨 晃・武田八郎・原 隆・勇 秀憲 共著	192	2300円
6.	(4回)	河 川 工 学	川合 茂・和田 清・神田佳一・鈴木正人 共著	208	2500円
7.	(5回)	水 理 学	日下部重幸・檀 和秀・湯城豊勝 共著	200	2600円
8.	(6回)	建 設 材 料	中嶋清実・角田 忍・菅原 隆 共著	190	2300円
9.	(8回)	海 岸 工 学	平山秀夫・辻本剛三・島田富美男・本田尚正 共著	204	2500円
10.	(24回)	施 工 管 理 学 (改訂版)	友久誠司・竹下治之・江口忠臣 共著	240	2900円
11.	(21回)	改訂 測 量 学 Ⅰ	堤　　隆 著	224	2800円
12.	(22回)	改訂 測 量 学 Ⅱ	岡林 巧・堤　隆・山田貴浩・田中龍児 共著	208	2600円
16.	(15回)	都 市 計 画	平田登基男・亀野辰三・宮腰和弘・武井幸久・内田一平 共著	204	2500円
17.	(17回)	環 境 衛 生 工 学	奥村充司・大久保孝樹 共著	238	3000円
18.	(18回)	交 通 シ ス テ ム 工 学	大橋健一・柳澤吉保・高岸節夫・佐々木恵一・日野 智・折田仁典・宮腰和弘・西澤辰男 共著	224	2800円
19.	(19回)	建 設 シ ス テ ム 計 画	大橋健一・荻野 弘・西澤辰男・柳澤吉保・鈴木正人・伊藤 雅・野田宏治・石内鉄平 共著	240	3000円
20.	(20回)	防 災 工 学	渕田邦彦・疋田 誠・檀 和秀・吉村優治・塩野計司 共著	240	3000円
21.	(23回)	環 境 生 態 工 学	宇野宏司・渡部守義 共著	230	2900円

定価は本体価格+税です。
定価は変更されることがありますのでご了承下さい。

図書目録進呈◆